城市景观中的公共艺术设计研究

胡卫国　著

中国商业出版社

图书在版编目（CIP）数据

城市景观中的公共艺术设计研究 / 胡卫国著. --
北京 : 中国商业出版社, 2023.12
ISBN 978-7-5208-2835-2

Ⅰ. ①城… Ⅱ. ①胡… Ⅲ. ①城市景观—景观设
计—研究 Ⅳ. ①TU-856

中国国家版本馆 CIP 数据核字（2023）第 247145 号

责任编辑：袁　娜

中国商业出版社出版发行
（www.zgsycb.com　100053　北京广安门内报国寺 1 号）
总编室：010-63180647　编辑室：010-83128926
发行部：010-83120835/8286
新华书店经销
北京厚诚则铭印刷科技有限公司印刷
*
787 毫米 ×1092 毫米　16 开　9 印张　200 千字
2023 年 12 月第 1 版　2023 年 12 月第 1 次印刷
定价：48.00 元
* * * *
（如有印装质量问题可更换）

前　言

如果说城市是文化的容器，那么，城市公共艺术就是这个容器中最重要的组成部分，也是城市文化最直观、最显著的载体，它代表着一个城市的精神风貌和文化品位，对于塑造城市形象、提升城市品质具有重要的作用。近年来，越来越多的城市开始注重通过公共艺术丰富城市文化生活，增强城市文化软实力。许多设计师投身其中，他们以创新的设计理念和手法，为城市增添了别样的视觉美感和人文气息。

公共艺术不仅是城市中的一种特殊文化现象，更是城市文化的重要组成部分。它通过各种形式和载体在城市公共空间中展示，既起到了塑造城市形象和特色、丰富城市文化内涵、提高城市品质的作用，也赋予了城市独特的文化魅力。因此，好的城市公共艺术代表着城市的精神理想，凝聚着城市的文化灵魂，同时也能传递正能量、引导人民积极向上。

总之，公共艺术是城市景观中不可或缺的部分，它以多姿多彩的艺术表现形式，引导广大城市民众思考点点滴滴的城市生活，感受城市生活的各个方面，这对提高城市品质，营造宜居城市环境起到促进作用。本书围绕城市景观中的公共艺术设计展开研究，旨在为人们了解公共艺术、了解公共艺术的设计提供借鉴。

本书共五章。第一章为开篇引言，介绍了城市景观与公共艺术的基本概念；第二章对当代城市公共艺术设计的研究价值进行了探讨，主要从当代城市公共艺术设计的国际环境、关联性、文化阐释方面进行了阐释；第三章对城市公共艺术设计的造型、结构、材料应用等形态构成因素进行了介绍；第四章分析了城市公共艺术设计的功能；第五章围绕城市广场、商业街、公园景观设计，探析了公共艺术在城市景观设计中的应用。

本书在撰写的过程中，参考和借鉴了大量关于城市公共艺术设计的书籍及资料，在此向有关专家及学者致以诚恳的谢意。当然，由于时间仓促和精力有限，本书难免存在不足之处，恳请广大读者批评指正。

作　者

2023 年 12 月

目　录

第一章　城市公共艺术概论

城市公共艺术（City Public Art）是一个舶来语，进入中国的时间并不长，又被称为“城市公众的艺术”或“社会艺术”，我国学术界的引入是20世纪90年代。城市公共艺术与其他艺术形式相比，最显著的特征在于它的公共性。它不隶属某一类艺术流派或艺术风格，也不单指某一类艺术形式，它存在于城市公共空间中并为公众服务，体现了公共空间中的文化共享与互动交流，所表现出的是公众的精神与价值。城市公共艺术公共性的前提是对公民参与公共事务权利的肯定。

城市公共艺术是城市景观设计的重要组成部分，但作为艺术作品本身也有自己的主张及个性体现。尽管城市公共艺术被看作城市的组成元素之一，但同时我们也可以把它看作是独立的艺术品。城市公共艺术具有多元的特性与气场，处于一个开放的空间中。

城市公共艺术不仅应可观，更应该可听、可触、可感，可以理解为将艺术作品从博物馆的传统风格中解放出来，变得更加自由化后的结果呈现。它可为公民提供更多的机会来接近艺术，也兼具某种实用功能和审美、教化的意义。

在当前的审美潮流中，城市已经开始走向艺术化，而城市公共艺术的界限也似乎变得越来越不明确。鉴于当前的情况，我们更应该明确城市公共艺术的定义。从宏观角度看，城市的公共艺术是由城市、公共空间和艺术这三大部分构成的。从一个角度看，它代表了城市的公共空间艺术，是广大市民共同欣赏和享受的艺术形式。从另一个角度看，它应当拥有公众意识，满足大众的审美期望和方向，并反映出当代的精神风貌，因此，它并不仅仅是某个艺术家的个人行为。

城市公共艺术应该与城市的历史、文化、社会进步、时代精神和审美趋势等多个方面紧密结合。城市中的公共艺术通常位于较大的场地和开放的环境中，例如广场和绿地等，这些并不是私人空间，需要得到许可才能进入。但也不能排除某些需要许可才能欣赏的局部艺术，例如国家大剧院也属于公共艺术的一部分，需要购票进入。

还有一些艺术形式已经相当成熟，尽管它们可能与公共艺术的其他特性相吻合，但我们还是会根据其固有的第一属性来进行分类，而不是将其定义为城市公共艺术，例如，免费露天电影就不能被视为公共艺术。

城市公共艺术涉及公共空间内的艺术创作和各种艺术活动，这包括但不限于造型艺术、表演艺术以及其他多种视听艺术形式，其资金主要依赖于政府的财政拨款和社会公益基金的资助。城市公共艺术的核心思想是反映在社会公共领域所关注的议题和问题上，同时也体现了全民社会的共同精神。城市的公共艺术不仅强调市民的公众参与和社会属性，而且在传递审美观念的同时，也承担着现代启蒙教育和对社会的批评任务。

第一节　城市景观与公共艺术

一、城市景观的概念、要素与特征

（一）城市景观的概念

1. 城市景观

城市景观是指在城市范围内所包括的自然要素、人工要素和人文要素所反映出来的城市视觉形象。其中自然要素主要包括地形地貌特征、典型气候天象、植被、水体等；人工要素包括建筑、广场、街道、公园绿地、艺术小品等；人文要素包括文化传统、风俗习惯、社会生活等。由此可见，城市景观的形成是多方参与、共同塑造的结果，是人类历史的积累和文化的积淀。

城市景观应反映城市的性质，如西安的城市景观中透着浓郁的古都气息，北京的长安街政治气氛浓厚，杭州水光山色与气脉相连等，自然景物与人文环境融洽。城市景观还应反映城市各物质要素之间的功能分区与布局，如工业城市、工业区，厂房、高炉、水塔、码头等城市景观。

《人文地理学词典》这样定义城市景观：城市的景象、形态等组成的城市地区特色，即城市的总体景象。在此定义的城市景观是在城市地理学概念下，对城市可视现象面的地理学的研究。因此，城市景观作为人工景观，结合自然景观的复合场所，是人类改造自然的具体体现。作为景观的一个组成部分，城市景观具体包含城市建筑与城市街道、广场、公园等人工景观。

城市景观作为人们生活的主要栖息地及具体的场所体验空间，直接影响与体现着人们对生活的需求和社会意识。一般来说，一个城市存在的历史越悠久，人工意志具体体现的形式就越丰富，具体到城市存在的方方面面。因此，城市景观更加注重景观美学的应用，比如在城市人文历史大背景下的城市空间美，对传统文化的历史印记感官美等内容。城市景观应注重对城市人文景观的发展利用，使得现代景观设计与人文资源得到最优化的展现。同时，人在不断发展变化，人们的主观要求与行为习惯都受时代背景的影响。所以，我们在城市景观设计的过程中，也更应注重人在景观环境中的体验，当下研究的气候适应性及微气候改善等，都对城市景观的发展方向有着重要的指引作用。

城市景观与景观的内涵在很大程度上是一致的，但城市景观是由城市内部的规定性和外部影响共同作用形成的。城市景观的内涵具有其独特的个性特点，而景观则是覆盖城市景观和其他景观（例如乡土景观）更广泛的内涵。因此，城市景观和景观之间的内在联系可以被视为它们的独特性和普遍性，这两者之间既存在联系，也存在明显的差异。

从应用的角度看，景观这一概念可以分为狭义和广义两种。景观与园林之间存在紧密的联系，这就是所谓的“园林说”。人造景观与园林在本质上是相似的，而具体的景观设计师通常都持有这样的观点。从这个角度看，景观的主要元素可以被划分为两大种类，一种为软质物，如树木、细月、和风、水域、阳光和天空等；另一种为硬质物，如地面铺设、墙壁、栏杆之类的。软质物又称软质景观，通常为自然产生。硬质物又被称作硬质景观，这类景观大多是人造的。然而，也存在一些例外情况，例如山体虽然是坚硬的景观，但它是自然形成的。从广义上看，景观是空间和物质实体的外在展现。景观主要由四大部分组成：一是实体建筑元素，也就是建筑物，但建筑内部的空间并不被视为景观的一部分；二是空间元素，其中空间涵盖了广场道路、步行街、公园以及居民自己的小型庭院；三是基面，主要用于铺设路面；四是小品，例如广告板和照明设备、喷泉、卫生箱和各种雕塑。

在城市景观的定义上，我们基本上采纳了一个宽泛的概念，那就是城市景观反映了城市的空间和物质结构。从广泛的角度看，城市景观基本上可以分为四个主要部分。也就是说，将广泛的景观元素以特定的“城市”作为前缀，这个城市景观是由城市实体建筑、城市空间元素、基底、小物件等元素按一定原则组合而成的。

城市景观涵盖了一个非常广泛的领域，可以说，它是城市整体形态的外在表现，是城市实体给人的直接视觉体验，也是人们对城市最直观的认识方式。人们是通过视觉来理解环境的，城市的视觉体验对人们的心理产生了深远的影响，这种视觉体验进一步唤起了人们对城市环境的深厚情感，并使他们对所居住的城市产生了强烈的认同感。从这个角度看，城市景观构成了人们及其周边环境的心理和物质基础，它对人们的感知和空间定位产生直接影响，城市的一系列连续景观为人们提供了对城市环境的感知空间。因此，在城市空间布局中，城市景观体系占据了极为关键的位置。这是一个评估我们生活水平的关键指标，也是我们对自己所处生活环境产生归属感的根本来源。

2. 城市景观与相关概念辨析

（1）城市景观与城市空间

实体与空间构成了城市景观的两大核心组成部分。城市景观不仅涵盖了城市内部的各种不同实体，还包括了这些实体的外围空间，因此，城市景观的定义与城市空间的概念有着紧密的联系。城市的物质环境是由各种不同的实体组成的，主要包括建筑物、构筑物、道路和树木等，而这些实体所构成的外部则是城市空间。通常而言，城市空间主要由街道区域和广场区域组成，而城市空间也可以被视为由建筑外部空间所构建的空间体系。一个健康的城市空间环境不仅涉及空间的大小，还包括空间的封闭和开放，以及与大自然的紧密联系。

虽然城市空间在外观上看似是空洞的，但其重要性与城市的实体同等，两者都是不可或缺的，不能被忽视。城市空间为人们提供了一个公共的生活空间，许多城市居民的聚会、休息和社交活动都是在这个空间内进行的。因此，研究城市空间及其功能对理解人类社会发展具有十分重要的意义。城市空间不只是一个自然的地理和物质实体，也是一个社会互动和行为感知的场所，涵盖了空间、时间和各种活动。它既具有具体性，又具有抽象性，既清晰又带有模糊性。在城市景观设计中，实体建筑和空间元素等都具有极高的重要性，它们构成了整个景观系统中不可或缺的一部分。

（2）城市景观与城市形态

城市形态可以分为物质形态和非物质形态两大类。城市的物质形态可以分为两个层面：一是城市的肌理，它从宏观角度展现了城市地面和三维空间的状况，并揭示了城市从旧到新的转变过程；二是城市的结构，城市的各个功能区域、内外交通的主轴构成的形态特点，重点展示了城市的新旧交替和发展拓展过程。在这两个层面中的物质形态元素可以被划分为两大类别：一是自然元素，二是人造元素。城市形态是由其空间布局和具体形态共同决定的。城市形态主要由街道、开放的空间和建筑组成，其中涵盖了城市的功能划分、城市的规划设计、土地使用方式以及城市的自然条件等多个方面。城市的形态与其景观的定义大体一致，城市景观反映了城市的外观，而城市形态所涵盖的内容，也都是城市景观的一部分。随着城市化进程的加速，人类对自然环境的破坏日益加剧，而这种破坏主要集中于城市形态方面，因此对城市形态进行深入的分析研究就显得尤为必要。城市景观的塑造是一个持续变化的过程，在这一过程中，“时间”这一部分蕴含了众多的影响元素，这些元素揭示了城市形态的演变特点。对城市形态的研究旨在更深入地理解城市景观生成的内部驱动力和外部优化机制，并为城市规划设计提供坚实的理论支撑。

（3）城市景观与城市设计

城市设计是在总体规划的基础上进行的环境设计，其目的是改善人们的生存环境，提升城市整体景观品质。而城市景观设计则注重的是城市的整体形象，以及人们视觉上的审美和心理感受。

城市设计这一学科是城市规划与建筑设计的融合产物，它的出现反映了人们对于城市整体设计的深度关注。这不仅涉及城市中的建筑与建筑、建筑与大自然的互动关系，还涉及对城市居民的需求、城市的环境质量以及城市的功能性的重视。在城市设计的全过程中，我们主要关注城市的总体空间布局、景观结构以及城市中的公共文化活动体系。城市设计不仅为城市规划提供了新的思维方向和具体的发展目标，也为建筑设计提供了基础，使得城市设计更加立体、实用和富有象征意义。从某种程度上讲，城市设计可以被视为人类活动创造的更具意义的人造环境，其目的是改善现有的空间环境，而城市设计的核心便是空间环境设计。

对于城市设计许多学者有着不同的论述，如美国的培根认为："城市设计的主要目标是造成使人类活动更有意义的人为环境和自然环境，以改善人的空间环境质量，从而改变人的生活质量。"我国齐康教授认为："城市设计是研究城镇基地上物质要素在相对空间关系上的设计。"这些多样的观点都传达了一个核心思想，那就是城市的建设是为了满足人们的需求，而城市的居民则是城市的真正主人。因此，城市设计的目标应该是为居民创造一个健康且舒适的居住环境，从而创造出既有美感又具有时代感和整体性的城市空间。无论是对城市环境景观的各种构想，还是对城市形态的深入理解和研究，最终都需要通过精心的城市设计来达成。从更广泛的角度看，一个理想的城市景观应被视为城市设计的终极目标。城市景观不仅是城市设计的核心内容和主要研究领域，还是实现城市设计目标的关键途径，同时也是设计内容的主要载体。

（二）城市景观的要素与特征

1. 城市景观的构成要素

（1）城市景观的实体要素

从构成城市景观实体要素来分，城市景观大致包括两个部分：一是城市的实体要素，包括建筑、植物、水体、铺装等；二是由这些实体要素围合出的虚体要素的空间。

根据以上分析，可将城市景观细分成建筑、道路、公园绿地、广场、水景和照明。

（2）城市景观的构成要素

按照凯文·林奇的分析，从城市景观的构成要素来分，景观包括道路、区、边缘、标志和中心点五种要素。

①道路

城市的道路交通网是城市的整体骨架，包括城市各级道路、河道、步行街等，呈现出典型的景观形象，是城市景观的重要组成部分。

②区

区是具有共同特征和功能的、较大范围的城市地区，如居住区、商业区等，在城市景观形象中以“片”的特征呈现，它的变换对城市的整体景观影响很大。

③边缘

城市的边缘指的是区与区的界限、城区与郊区的界限，其界定的标志可能是一条绿化带、河岸、山峰或者是高层建筑等，边缘应能从远处望见，也易于接近，提高其形象。

④标志

标志在城市景观中尤为醒目。标志大小不一，它们是构建城市图像的关键元素，有助于实现一个区域的统一。一个出色的标志不仅是显著的，同时也是环境和谐的关键要素。

⑤中心点

中心点是人们日常活动的核心。周围空间中的小型建筑的布局和流畅性，直接影响了人们对中心点图像生成的能力。在进行城市的规划设计时，我们应该创造出独特且鲜明的景观，从而激发人们对城市的想象力。

2. 城市景观的特征

（1）整体性

城市景观作为多种要素的复合体，应具备整体性，并在长期的形成过程中逐步体现出一定的整体秩序。

（2）多元性

城市景观系统的复杂性、动态变化性以及人的不同需求，决定了它的多元性。从形式层面上的形状、色彩、比例、肌理等，到意象层面的要素边缘、区域、标识，再到意义层面上的文化含义，都呈现出丰富的多元景象。

（3）复合性

在城市景观中，我们可以看到自然和人造的元素，既有静态的硬件设备，也有动态的软件活动，这种城市景观是各种元素相互交织和融合的结果。

（4）历时性

城市代表了历史的沉淀，每座城市都经历了自己的发展和变迁，它们都经受了人们的建设和改造，并在不同的时代展现出独特的风貌。城市在不断地成长，每一次更新都会带来新的面貌和文化内涵。城市景观仅仅是一个不断演变的过程，并没有终点，它会随着城市的持续发展而发生改变。

（5）地方性

每一座城市都拥有其独特的自然地理条件、丰富的历史文化底蕴，以及其独特的建筑设计和风格，这些因素共同塑造了该城市独有的视觉景观。山地地貌为重庆提供了独特的景观轮廓，苏州因其丰富的水资源而形成了错综复杂的水城河流景观。

（6）文化性

城市景观是一种精神世界的产物，它反映了人们价值观念、思维方式的不同，具有深层的文化内涵。譬如，在中国，谈起京派文化，就会想起北京的建筑、街道和广场，还有北京的板车，甚至是京腔；谈起海派文化，就会想起上海的外滩、新天地、东方明珠，还有上海人精致的装束。

二、公共艺术的概念与指向

（一）公共艺术的概念

“公共艺术”（Public Art）一词出现在人们的视野中不算久远，即使在当今社会经济快速发展的带动下，其对人们来说仍然是一个充满极具魅力和潜力的存在，是与往日其他词汇相比难以论清的新生事物。人们对公共艺术的争议从未停止，出现了很多不同的声音。有人把公共艺术视为一种新型的概念或是一种存在的意识，也是社会快速发展下出现的一种文化现象。有学者认为，公共艺术不能以一个独立的学科存在，其中涉及的学科与行业众多、范围较广，单以一个独立的学科存在是不够的。

将“公共艺术”一词分解开来看，“公共”有“公共、民众”之意，而“艺术”则指人对社会生活、精神需求的意识形态表现，也可理解为审美技能、审美精神与物质材料相互作用下的创造性劳动。因此，“艺术”又是人的意识形态和生产形态有机结合后的产物，它的创造过程是一种精神文化的形成过程。“公共艺术”一词从字面意思来看，意指“公共、开放、大众化的艺术”，也有人把“公共艺术”单纯理解为“公共空间里的艺术”。实际上，“公共艺术”和“公共空间里的艺术”并非同一事物，两者存在着本质的区别。“公共空间里的艺术”意指放置在公共场所里的艺术品。20世纪70年代之前，“公共空间里的艺术”更多是指设置在公共空间里的雕塑品，它是以建造环境景观为目的而产生的，其作用在于修建城市风景，使城市环境更加美观。而“公共艺术”的含义却并非如此简单。

2004年10月，“公共艺术在中国”学术论坛于深圳召开。此次论坛由深圳市美术家协会主办，共有19位来自全国各地的从事城市计划、建筑、雕塑、环境艺术和文化理论研讨的学者依据论坛拟定的研讨课题提交了论文，并从不同的视角和层面分别对公共艺术做出以下六点定义。

①公共艺术是一个带有浓重社会学与文化学的概念，而非纯艺术的概念。

②公共艺术不是某种具体样式，而是代表艺术发展的一种文化现象。

③公共艺术是场合艺术文化，是公共空间里的艺术，场合的性质决定着公共艺术

的性质和表现方法。

④公共艺术的核心，必须是“艺术”的，不能将其泛化为公共环境中的一切。

⑤公共艺术绝不只是产生在公共场合或公共空间的艺术，而公共场合或公共空间仅仅是公共艺术产生的必要条件，“公共性”才是公共艺术的要义和灵魂。

⑥公共艺术要解决的不是美化环境的问题，而是社会的问题；它所强调的不是个人的作风，而是最大限度地与社会大众之间的沟通、交换和共享。

从上述不同层面和不同视角的阐述中可以看出，公共艺术有两个必要的存在条件，第一个条件是公共空间，第二个条件是公众参与。其实不难理解，两个必要条件是相互影响的，一方面，公共艺术作品的设置场所离不开公共空间；另一方面，城市中的公共艺术最初是以人的交往需要为核心，而展开对空间的感知体验和视觉审美的。出现在公共空间里的艺术品，如果缺少公众参与这一环的话，并不能算作公共艺术。

由此可见，公共艺术的三个基本要素为开放的公共空间、公众参与、设计师人性化的设计。其中，公众参与是最为核心的基本要素。公共艺术离不开公共参与，想要用作品反映公共需求和实现作品背后的公共利益，就需要决策方与公众之间的反复交流与沟通探讨，设计师在此过程中要作为一个桥梁为双方起到专业引导、疏通意见的作用，是总结分析各方的要求，协调各方关系，使公共艺术作品得以在相对开放的空间里运作和实现。

近半个多世纪，不同国家和地区的公共艺术实践中所带来的差异是因为当代不同国家的政策、法规，文化观念及实施的方法均有不同。但主要的特征在于利用政府给予的经费，建设利于社会公众精神和文化生活的艺术项目，重点在于强调和倡导艺术的社会性、全民性，全民公共参与性，文化福利性。可见，除了上述的三个基本要素之外，公共艺术实践也离不开政府机构的支持和辅助，这也是公共艺术得以实现的重要因素。对我国而言，我国公共艺术的政策制度建设还处于摸索阶段。2023 年，由中国城市规划学会主办、清华大学美术学院承办的中国城市艺术设计研讨会成功召开。翁剑青教授指出：当前，我国公共艺术有了很多发展，呈现出特定区域景观艺术公共艺术的特殊性、对日常生活的适应性，与城市和社区的日常民生和美育密切相关，这是宏观的规则和过分强调专业艺术的炫技所无法做到的。

公共艺术的概念界定有狭义和广义两种：狭义的公共艺术是指设置在公共空间中能符合民众心意的视觉艺术，例如雕塑、壁画、广告设计、建筑、景观小品、城市家具等。广义的公共艺术是指私人、机构空间之外的一切艺术创造与环境美化活动，例如场馆展览、音乐演出、迁移计划、商业文化展示等。简单来说，这两个定义的区别在于一个是私人个人满足符合民众的，另一个是除去私人个人机构空间的。

从公共艺术概念的内涵方面来说，它更多与传统意义上的城市雕塑和公共空间的文化界定紧密相关。从外延方面来说，它又与城市设计、景观公共艺术设计、城市生态环境、城市风貌特征、城市建筑、城市规划紧密相关。过分地狭义化，会使公共艺术不能涵盖它所具有的当代意义，从而背离它本身鲜明的当代城市建设的实践特征；而过分地宽泛，又会流于无边无际，最后的结果是城市公共空间的任何设计行为都成为公共艺术。鉴于此，本书从广义概念上来探讨、解析景观公共艺术理论，而在设计实践环节则更多地倾向于它的狭义概念。这样的合理划分，将有助于我们对公共艺术的理解和在设计方法上的掌控。

（二）公共艺术的指向

公共艺术除了所具备的艺术性之外，还有两个重要属性，即公共性和场域性，它们是衡量公共艺术标准的重要属性。

1. 公共艺术的权力指向

公共艺术如何“公共”？其中有着特定的界定标准。公共艺术被誉为公共艺术的原因在于它的权利特性和社会目标，这与由政治意识形态衍生出的艺术有所不同。这是一种与精英主义和个人独特性不同的艺术形式，与单纯追求商业利益的功利主义艺术有所区别。从公共艺术产生发展的历史过程来看，它在本质上是一种文化现象，体现着人类精神追求与审美情趣，反映了人类文明进步的程度。这表明公共艺术在某种程度上具有社会特质，也就是所谓的公共性。

所谓公共艺术的“公共性”，并非指一种可以放之四海而皆准的文化认同或统一的价值诉求，一方面主要是指经由社会公众参与的，依据或针对特定地区社会问题与需求而形成的公众舆论。它们包括公众社会对艺术介入公共空间的动议的形成、表现形式、文化内涵，以及对社会人文环境、生态环境影响的评估方法和程序，也包括鉴于公共艺术的实施过程，对公众社会的影响和作用的公开评价，其内容范围可能涉及对公共社会的公共精神、环境品质、生态关系、公民素养及审美文化取向等多方面的审视和讨论。另一方面，由于现代城市和人口的不断扩张，居住、工作方式及网络通信的急剧变化，传统概念的城市公共空间已经远无法满足和承担起方便、快捷的公众交流的使命，而通过艺术智性的、包容性的随机介入，却可能创造出更多可供人们相遇、相谈的机会与空间。其中，一些艺术作品或许本来不是特地为公共空间设定的，并带有某些属于私域的性质，但由于它在开放空间的出现而引起观众的关注并引发人们对公共性问题的关注或质疑，那么，它便同样具有了某种艺术的“公共性”，起到了营造或“激活”公共空间的客观作用。

当然，公共的参与条件除了城市环境中的开放空间以外，还要求公民具有相应的公共精神。可以说，公共精神是公共性的核心价值。当公共性被确立为一个目标时，公共理性作为公共性意识形态内部的一种道德力量，从根本上来说，主要起到了确保公共性意识形态内部各个方面对公共性主题的坚定支持和拥护的作用。这种特质在社会中得到了广泛的认同，尤其是在人们日常的公共活动中。对于那些拥有特殊利益的个体，这种精神的核心价值在于能够主动地超越仅仅关心个人利益的本能，从公共利益的视角为社会和国家提供最大的关心和支援，甚至在维护公共利益的过程中为自己的利益做出恰当和必要的牺牲。当然，从社会的长期发展角度看，这种牺牲和个人利益的保护实际上是一致的，我们称这种精神为公共精神，它是公共性意识形态在社会中的具体表现。公共生活对于纯粹的私人生活来说，基本上是一种超越自我和提升的过程。社会的存在是人类无法拒绝公共生活的前提条件。认同公共生活的价值和意义等同于承诺维护公共利益。为了维护公共利益，必须有一定的公共精神支持，否则这种维护就变成了对私人利益的纯粹损害。从上面的描述中，我们可以明白公共性的权利是指向广大公众的。公共艺术的权力指向标准，可以从开放度、参与度和受容度这三个维度来进行明确。

（1）开放度

开放性的场所空间一般被分为自然的开放空间和人为的开放空间。在都市中，自然性的开放空间较少，如果一个城市具有自然的开放空间，如河川、湖泊、山坡、丛林等，对于整个城市来说是十分珍贵的资源，应极力维护好、处理得当，在不破坏自然资源和环境的前提下进行有效、合理的开发和利用。在一般的都市中，人为的开放空间较多，如广场、公园、人行道、街面、车站等。尤其是广场、社区和公园，是城市中不可缺少的重要开放性场所，不但提供给市民室外活动及公共社交的空间，也是休闲时光用来休憩与交流的区域，并可以让都市高密度居住环境所造成的压抑感得到部分消解，以满足人类对空间最基本的需求。

开放性空间是在市民社会中诞生的产物，它与私密性、封闭性相对立，是在民主、开放的公共领域中获得认可的。开放度是指公共场所在物理环境和精神层面两个方面的开放程度。首先，公共艺术作品的场所必须是公开、公共、可供人自由出入的场所。场所的开放度越大，在场所里的公共艺术作品所体现出来的公共性就越强。其次，公共艺术作品应该最大限度地贴近我们的社会民众，尽可能让公共艺术作品的背后意义得到传达，尽可能地表达民生、顺和民意，并与民众建立沟通交流、平等共享的意境，而不是站在高处张扬的个人艺术彰显和垄断。针对开放度想说明的是，公共艺术和公共环境对每一位公民自由独立的想法和应享有的政治、经济、文化权利的认定与尊重，是对每一个社会个体产生的自由思想和独立于其他人不同人格的确定及尊敬。

（2）参与度

公共性的载体是公共，也是公共艺术的核心存在要素。公共艺术开发度的增加，改变了原有的公共空间权利和秩序，也让公众对公共空间的参与意识得到了苏醒。公共艺术的实现程度及成熟程度与公共的参与水平和热情相关。随着城市化的建设进程加快，人们对美好生活的向往越来越强烈，在日常生活中朝夕相伴，放置在公共环境里的公共艺术品被人们注意并慢慢走进普通百姓的视野。随着时代的进步，民众在文化修养、民主观念、生活环境以及精神和物质需求方面都有了显著的提升。大众也逐渐对公共空间中的艺术作品产生了浓厚的兴趣，并对如何在这些场所摆放艺术作品进行了深入的探讨，希望能在公共艺术的构建问题上有更多的话语权。

作为公共环境中的一种艺术形式，公共艺术的价值和意义是直接反映在公众参与程度上的。此外，公众参与的方式也是多种多样的，他们不仅可以参与公共艺术的成果，还可以参与其执行过程。公众、设计师和公共艺术作品之间的积极互动，是推动公共艺术向前发展的核心要素。推动公共艺术向前发展的价值至少有三点：其一，给艺术家提供更多创作的机会；其二，增加市民学习了解文化艺术经验的展示机会；其三，提升整体环境的品质。此三点同等重要，其中市民的参与是不可缺少的环节。市民参与主要体现在参与都市计划、住宅区规划设计、公共空间建造等与市民生活密切相关的方面。

市民在公共艺术中的参与，无论其方式如何，核心目标都是通过这种方式来增强公共艺术的影响力，并扩展其实际效果。通过这种方式，可以传达核心思想、分享艺术见解、提供深入的艺术体验或增强市民对艺术的了解，从而起到教育的效果。实际上，市民的参与并不是直接将公共艺术设置过程中的多数决策权交给民众，而是通常伴随着市民美学讲座、公开展示会、讨论会、地方文化认知与取向问卷和创作研习班等活动，以增强市民的参与感，减少决策权的比重。

毫不夸张地说，观众与艺术家之间的交互不仅是公共艺术创作的关键扩展，同时也构成了其核心内容。观众对艺术作品的反应和看法，已经变成了评估公共艺术质量的关键标准。在公共艺术中，这种互动性的体现意味着公共艺术的成果是开放和多样的，社会大众是决定作品是否成功的最终评价者，这种评价是在互动过程中完成的，只有在与观众的互动和接触中，作品的真正意义和对其评价才能最终得到确认。

与此同时，公共艺术作品的尺度、内容、形式也影响着人们的参与度和互动性，三者的关系是相互联系和相互作用的。例如，尺度夸大，但形式内容富有新意和情趣，也会受到民众的认同；反之，尺度合理，但形式张扬，内容难懂，也仅仅会成为人们倚靠或坐卧的设施而已，缺乏了本身应该具有的艺术价值和所该传达的内容。所以，只有合理地考虑尺度、内容、形式三者之间的关系，才会最大限度地发挥公共艺术的价值作用。

我国当前对景观公共艺术的塑造，因为公共艺术项目运作涉及城市中各层次的切身利益，公共艺术变得单纯只是一个环境塑造与重构的过程。政府、开发商、策划人、设计师、艺术家及公众等共同参与，政府拥有行政上的权力，开发商拥有资金上的优势，策划人、设计师、艺术家拥有学术和技术上的权威，市民则可获得别致的景观公共艺术体验。

（3）受容度

“受容”这个词汇起源于日本，它的原始含义是接纳、容纳和适应。它是一个心理学名词，特指在某种情况下，人对某事物或事件有一种接纳、接纳后产生的愉悦体验。这个词主要用于描述感觉、意志和文化等多个层面，也可以被解释为受容力、受容量。当一件公共艺术创作在视觉和心理上都能获得广大公众的喜爱和支持时，这意味着该作品所包含的内容和其背后所蕴含的意义都是深远和丰富的，它具备了一定的吸引力和容纳能力，并有足够的受众范围来影响和打动大众。受容度被视为提高参与度的核心要素，只有拥有强烈的吸引力和感染力，才能将身边的观众从仅仅是观赏者转变为真正的参与者，并将他们深深地吸引到作品中，从而使其展现出更深远的意义和价值。

公众对于公共艺术的受容度，通常反映在他们对艺术作品所展现的艺术和文化价值，以及这些作品所反映的人文历史、生活方式、社会经济状况和环境生态等方面的接受程度上。意识的创新和思考在趣味性中得到了体现，而娱乐则是功能性的体现。在休息和共享沟通等方面，我们的目标是尽可能地满足公众的精神和生活需求，只有当公众真心地喜欢并接受周围的公共艺术时，他们才会积极地参与。这表明，接受的行为常常影响到参与的行为，而接受的程度会直接决定公众的参与成果。

美国现代雕塑艺术家汤姆·奥特内斯用其独特的艺术手法呈现了富有趣味性、幽默感和隐喻性的艺术作品，这些作品不仅符合大众的审美标准，也具有很高的艺术价值。当他面对成年人时，他选择了与日常生活紧密相连的社会经济主题作为创作的焦点。他用可爱的卡通角色与敏感和沉重的商业议题进行对比，用轻松幽默的方式讽刺和揭示生活的真实面貌，从而激发观众的思考和共鸣。面对孩子们，他创造了以童话为主题的角色形象，并用孩子们的天真和关爱与周围的小观众进行对话，因此，他所创作的公共艺术作品赢得了广大民众的喜爱和认同。在开始创作作品之前，他首先考虑的是“一个普遍意义上的大众”，因为他始终认为自己需要面对的是广大民众，所以作品必须具有高度的受容力。

雕塑家朱铭的《太极》系列作品展现出了更为接地气的风格。他的艺术创作不只是简洁而明朗，他还擅长利用各种材料的独特性质，这不仅赋予了他强烈的现代气息，同时也继承了中国传统雕刻艺术的精华，塑造了一种与大自然和谐共存的精神状态。

但有些时候并不是实现了人的参与行为就表明实现了人的受容。在特定的场合，对不喜欢、不认同的公共艺术作品，人们也会介入参与其中，这种情况往往是场所的限制所导致的。例如，在一个区域中仅有一处市民活动广场，在这个广场中央或外围设置一些与大众审美相悖的艺术作品，即便这样，市民仍会在此活动，因为此处是他们唯一的活动场所，并不是受公共艺术品的影响，他们就会停止娱乐活动，可见，受容度是环境心理的范畴。在接受公共艺术作品的同时，人们会更加接受所在的环境。深入人心的公共艺术作品往往会使它所在的环境更加亲和，使人们自发积极地参与其中，从而带动起更加丰富、多彩的社区生活。

2. 公共艺术的环境指向

（1）环境的尺度

公共艺术作为公共空间里的艺术，其主要载体是环境，没有了环境，公共艺术作品便失去了安身之处，更谈不上设计。在景观规划设计中，对环境有三个基本尺寸的界定，依照这三个尺寸可以把城市环境划分成三种基本类型，分别是空间、场所和领域。空间（Space）是由三维空间数据构建出来，通过人的生理感受加以界定的；场所（Place）是由空间界面组合构建起来的，它不如三维空间严密、精确，通常是通过人的心理感受加以界定的。以社区的宅门庭院为例，庭院中的喷水池、滑梯、秋千、连廊、花园等都属于空间，我们可以把它们理解为亲水空间、娱乐空间、休憩空间、观景空间。人们接触和使用它们，从而感知它们的功能价值。而涵盖这些空间区域的整个宅门庭院就是一个场所的概念。庭院作为社区中的一处供居民日常休闲、娱乐的场所，给人的印象是宽泛的、概念性的，没有空间那么具体，令人感同身受。相比空间和场所，领域（Domain）的空间界定范围更为宽广，通常以精神层面加以量度。

①空间尺度

20 ~ 25 米见方的空间，感觉较为亲切，人们可以自由地交流，多为家人、朋友、同事的关系。因为一旦超出该尺度范围，人们便难以辨清对方的脸部、表情和声音。20 ~ 25 米的区间是创造景观空间感的最佳尺度。

②场所尺度

据有关洞察和视觉测试得出，距离一旦超过 110 米，肉眼就认不出对方，只能辨出大略的人形和大致的动作。这个尺度就是我们所说的广场尺寸，即超过 110 米之后才能产生广阔感，此为形成景观场所感的尺度。

③领域尺度

如果空间超出 390 米，在通常情况下，就会使得人的肉眼很难看清对方，有一种深远、宏伟的感觉。我们将超出 390 米的尺度作为形成景观领域感的尺度。

空间、场所和领域三者给人的感觉是不同的，因而设计的时候就要根据不同的空间特点进行考虑。如建筑设计、景观艺术设计的边界多以空间或场所为基准，而城市规划、景观规划的边界限定则要以领域或场所为基准。

此外，0 ~ 0.45 米代表了一种较为亲密的距离，尽管不同国家和民族在心理和文化上有所不同，这种距离也存在差异。0.45 ~ 1.3 米被定义为个体之间的距离或私下的交往距离；而在 0.45 ~ 0.6 米的范围内，人们通常在思维统一、情感和谐、充满热情的对话中交流；在 0.6 ~ 1.3 米的范围内，我们可以观察到一种感觉逐渐减弱的距离，这种距离在社交场合中被定义为无须刻意追求的合适范围。1.3 ~ 3.57 米被定义为社交距离，这是指与邻里、友人或工作伙伴之间的日常沟通距离。在 3.57 ~ 8 米的范围内，这是一个公共距离。超过 30 米的距离被定义为隔离距离。

以上所述的尺度无不作用于现代景观的分析、评价、规划和设计之中，对景观公共艺术设计的作用是同等重要的。因此，景观公共艺术最直接的环境指向就表现在它所在的环境的尺度，以及它与环境之间的尺度比例关系上。

（2）环境的场域

从另一方面来看，景观公共艺术并非孤立存在的，它与所在的空间环境是相互联系、相互作用的，并以一种对话关系呈现出来。景观公共艺术并不具有通用性，要依据特定的城市、具体的区域环境来设计与之相适宜、匹配的作品。这就让我们不得不关注一个问题，就是公共艺术所在空间环境的场域性。

场域性，作为公共艺术的一种特质，所展现的远不止于环境场地的物质特性。

"场域"这个术语起源于场域理论。场域理论是由德裔美国心理学家库尔特·考夫卡深入研究的社会心理学核心理论之一，它是一种关于人类行为的理论模型。从宏观角度看，场域不仅指的是物理环境，还涵盖了他人的行为和与之相关的多种因素。考夫卡持有的观点是当观察者面对一个特定的环境时，他们所感知的内容被称为心理场域，而那些使观察者产生感知的实际环境则被称为物理场域。一方面，每个人对于同一个环境的感受都各不相同，他们感知到的心理领域也存在差异；另一方面，环境中的物理场域对人们的心理场域也会产生一定的影响和作用。这表明，人们在环境中的心理行为通常是由物理和心理两个场域共同作用而产生的。

考夫卡进一步明确，环境可以被划分为两大类：物理环境和行为环境。物理环境即是我们所处的实际环境；行为环境则包括心理上的和行为上的环境。当行为环境受到物理环境的调控时，一个以自我为中心的心理领域也正在进行中。当个体处于某种特定的物理环境时，其行为与物理环境有一定程度上的对应关系。这意味着心理活动是一个自我、行为环境和物理环境三者相互影响的过程，环境的物理场域和人的心理场域该如何形成，是公共艺术场域得以实现的关键。这需要设计者充分了解掌握特定区域环境的状况，如社会政治、经济、历史、文化、民生民情，以及作品所在场地的概况、季候等要因，从中挖掘提炼出与之相关的元素，建立起和环境互动对话的必要条件，针对特定地域和场所的特定问题、状况进行作品的设计实施。

另外，时间因素也构成了公共艺术创作与特定地理环境和场所进行对话的关键要素。公共艺术的成功与否，也取决于它是时间的产物，其成功或失败是由时间所决定的。公共艺术逐渐展现出其独特的吸引力，这是因为它在特定的场所与城市以及与城市居住者之间进行了持续的交流和对话。公共艺术作为一种文化现象存在于人们生活中，并随着时代发展而变化着。因此，公共艺术不只是由艺术家所塑造的，它更多的是由时间所塑造的，其深层的意义也是由时间所不断赋予的。

场域描述的是环境的气氛和特性为人们创造的心理背景，它是人们对外部环境产生的心理反应。这样的心理氛围对于人类而言，无疑是最亲密的场所。环境是人生存发展的场所，也是人类社会赖以存在的空间基础。通过在环境中的实际体验和感知，人们与环境之间形成了一种对话模式，并据此构建了全新的相互关系。

三、城市中公共艺术发展脉络

（一）市民社会的形成

公共艺术是大众以个体身份参与的社会性活动，只有市民社会才具有这样的条件，市民社会是公共艺术存在的基础。如果普通市民不能以个体身份成为社会生活的主人，那么发展公共艺术就成了一句空话。

市民社会是一个西方概念，它的英文是 Civil Society，在中文里可译作“公民社会”“文明社会”“民间社会”。不同的社会学理论对市民社会有不同的解释，一般来说，市民社会是一种相对独立于政治的、相对自治的社会生活空间。《布莱克维尔政治学百科全书》中说，市民社会是“国家控制之外的社会和经济安排、规则、制度”，是“当代社会秩序中的非政治领域”。这也就是说，市民社会属于私人自治领域，是国家不能直接干预的领域。

最早的市民社会可以追溯到 2500 年前的古希腊，那是一个众多城市集合而成的国家。古希腊有 200 多个城市，每一个城市可以自行管理自己的事务，领导人由市民选举产生，一切制度化政体都建立在市民意愿的基础上。这样可保障市民的政治与社会权利，积极参与政治生活也自然成为希腊市民的正常生活方式，一个以政治生活为纽带的社会公共领域也由此形成。

古罗马人延续希腊文明体系，继承和发展了希腊市民社会的理念。罗马人在日常生活中享有某些基本权利和自由，这成为后来欧洲个人自由和权利观念的基础。英语中的许多政治和社会方面的词语都从拉丁文而来，比如，Civil（公民）和 Society（社会）。这些词语有一个共同的意思，就是具有共同利益的群体，这也是西方语言中“社会”的含义。

公元 1 世纪，古罗马的西塞罗在《论国家》和《论法律》中，首次运用“市民社会”一词，指“已发达到出现城市的文明政治共同体的生活状况。这些共同体有自己的法典（民法），有一定程度的礼仪和都市特性、市民合作及依据民法生活并受其调整以及‘城市生活’和‘商业艺术’的优雅情致”。尽管古希腊、罗马的民主权利不包括妇女、穷人、奴隶和外国人，但当时已提出公民权概念，这意味着，市民要通过自己的努力去创造幸福，而不是像古代许多东方社会那样，大众被动地将自己的命运交给统治者摆布。

欧洲中世纪虽然是教会统治，但10世纪以后，早期的商人们为了追求个人利益的最大化，开始通过契约方法结成新的社会共同体，如公司、企业或行会，并通过交换、转让等方式逐步获得城市自治权利。“城市的空气使人自由”（日耳曼谚语），独立自主的市民精神开始出现，后来的文艺复兴运动就是在这个基础上取得成功的。

英国工业革命以后，城市化进程加快，由商业主导的现代城市的发展，代表西方历史上的一个革命的转折点。一切后来的发展包括工业革命和它的产物，其根源都可以追溯到中世纪时代的城市发展。在工业革命后的城市中，普遍实行代议制政体，民选产生政府官员，城市的人文自然因素在选区的划分中起到了很大作用。

如果大众不具备完整独立的人格意识，没有参与公共事务的权利，那么所谓公共艺术，也就只能作为生活里的点缀物和装饰品，而不可能成为社会公共精神的载体。肤浅的艺术只能悦目，只有深刻的艺术才能赏心。尽管我们很难在公共艺术与环境艺术之间划分出清晰的界限，但好的公共艺术作品一定不止于装饰美化，它会反映出健全的市民精神和社会思想。比如在我国城乡到处可见的石狮子，不正是古人崇尚威武勇猛的精神象征吗？

（二）公共艺术的成长

在历史长河中，公共空间里出现的艺术作品，尤其是那些在神权和君权至上的时代诞生的大型建筑和雕塑，因其宏伟壮观的外观，已经成了公众生活和精神世界中不可或缺的一部分。有时，这些作品甚至成了人们敬仰和崇拜的对象。

古埃及的金字塔、两河流域的宗教建筑和雕刻艺术，以及中国古代的石窟寺艺术，都起到了传播信仰和凝聚信徒的重要作用。在中世纪的欧洲，基督教的美术、艺术最初是由一些鲜为人知的基督徒创作的，他们为了塑造宗教形象，甚至不惜与当时的统治者发生冲突。然而，随着时间的推移和大量信徒的热情参与以及长时间的历史沉淀，宗教艺术中的许多形象已经转变为持久的大众文化标志，并作为一种具有吸引力的公共形象，在人类社会生活中起到了长期的教育和审美作用。

古代艺术可以通过转化的方式，使原本不是为大众创作的艺术，成为当代大众文化的资源和现成品，越是位于公共空间中的大型作品，转化的可能性就越大。金字塔是古埃及法老的作品，万里长城是秦始皇的作品，云冈石窟是北魏孝文帝的作品，现在成了大众旅游点。“旧时王谢堂前燕，飞入寻常百姓家”，历史如同一个巨大的转换器，可以变陈腐神像为当代文化偶像，也可以让贵族艺术被大众享用。但这并不意味着金字塔和长城就是古代公共艺术。中国古代的公共艺术出现在民间，包括宗教艺术和民间艺术两部分，都是传统社会里大众信仰和习俗的表现。宗教艺术因信众广泛而遍布中国城乡，其中一些塑像装饰纹样因长期历史演化，已经成为固定的大众观赏对象。民间艺术则是地道的本土公共艺术，流行于农村的剪纸与窗花，节日庆典中的社火集会和扭大秧歌，都是古代农村公共生活中最为奇妙的艺术活动。

现代公共艺术的起源可以追溯到20世纪30年代的美国经济大萧条时代。罗斯福总统实施了新的政策，旨在重振公共服务，从而催生了现代公共艺术。

1954年，美国最高法院明确表示：在国家的建设过程中，我们应该在实质和精神上都达到平衡，重视审美价值，并努力创造更广泛的社会福利。随后，美国总统肯尼迪出台了名为“联邦建筑指导原则”的政策。这表明现代公共艺术不仅可以为城市增添美感，还为艺术家创造了工作机会。

在20世纪60年代，波普艺术的诞生为公共艺术领域带来了显著的发展。它以一种大众化、平民化和个性化的审美方式改变着人们对现代社会生活的理解和认识。波普艺术对于普罗大众的审美追求，从深层次上打破了现代主义艺术的核心价值观，为与大众共同塑造艺术创造了一个全新的纪元。

1959年，费城通过了名为“百分比艺术法案”（Percent for art Program）的立法，该法案规定各地在建设新的建筑物时，必须从其建筑预算中预留出1%的资金，专门用于建筑装饰和美术创作。这促使现代美术艺术迅速渗透到了公众视野中，同时也为艺术家创造了极佳的市场机遇，进一步促进了艺术多样性的发展。从那时起，西方国家纷纷效仿，并陆续推出了相关的方案，与此同时，众多国家也开始实施城市重建项目，进一步推动了公共艺术的广泛传播和成长。

20世纪70年代以后，德国艺术家博伊斯（Joseph Beuys）提出了“扩张的艺术”概念，将艺术发展成一种由物及人、不受任何形式限制的社会活动。比如“他用非常的方法占领杜塞尔多夫美术学院教务处，以换取所有报考学生的录取资格，结果导致自己被开除。此事成为20世纪70年代世界文化界最引人关注的事件，由于八方声援，使之得以复职，乘着学生为他特制的独木舟横渡莱茵河凯旋”。此类事件也被其纳入当代公共艺术范围。在改革开放之后，我国公共艺术获得了很好的发展机遇，作品如雨后春笋般出现。这是因为：“第一，改革开放极大地促进了经济的发展和城市的发展，这就为公共艺术的发展创造了好的环境。第二，随着社会生活水平的不断提升，一个公民化的社会正在形成，民众对如何在公共空间里放置艺术品拥有发言权。”

第二节　城市公共艺术设计的分类与特征

一、城市公共艺术设计的分类

城市的现代化进程，让我们的生活方式越来越丰富，这也导致多样化城市公共空间的产生，与之对应的城市公共艺术设计出现了更多的类别形式。对于城市公共设计的分类，也有着多种角度。例如，从功能方面进行分类、从管理经营角度进行分类、从艺术形态方面进行分类、从城市构成要素进行分类，等等。

（一）城市公共艺术设计分类概述

1. 发达国家及地区的公共艺术设计分类

城市公共艺术发端于20世纪二三十年代的美国，以公共艺术设计的方式大力推动了国家文化与艺术的建设。而后，世界各个经济发达的国家和地区纷纷开始效仿美国，推动了世界范围内的城市公共艺术的兴起。

欧美一些学者把城市公共艺术设计分类纳入了城市设计和景观建筑研究中，其涉及的内容包括开放空间、道路、道路景观、杂项装饰、地标以及招牌广告等。

日本学者提出了城市环境装置设计，并将环境装置分为时间类环境装置、空间类环境装置、信息类环境装置三种类型。

2. 中国城市公共艺术设计分类

根据已有的学术文献，我国首位对城市公共艺术设计进行分类的是著名的建筑师和城市规划师梁思成先生。在1953年进行的考古工作人员培训中，他从环境和设施的角度出发，将城市公共艺术设计细分为园林及其相关建筑、城市街道装饰、桥梁和水利项目，以及建筑相关艺术等几个部分，比较全面地概括了城市公共艺术的种类。随着时间的推移，我国的城市化进程加快，城市公共空间中的环境设施日显重要，与之相关的研究和观点也在积极地促进和推动城市公共艺术设计的发展。天津大学建筑学院的董雅教授结合我国的实际情况和环境设施设计的理念，以及城市公共艺术设计的各个要素，构建了一个设计体系。这个体系大致可以分为管理设施系统、照明设施系统、交通设施系统、卫生设施系统、无障碍设施系统、游乐设施系统、休息设施系统、配景设施系统和其他要素设施系统等。

（二）城市雕塑系统

1. 城市雕塑的概述

无论是城市内部的装饰性雕塑，还是户外的观光区、主要交通路线、购物中心等公众场所的雕塑，它们都被归类为城市雕塑。有些国家通常将“城市雕塑”称为“景观雕塑”或“环境雕塑”。我国的“城市雕塑”则称为“公共艺术”，城市雕塑从一个侧面展示了特定城市或地区在经济和文化方面的进步。

随着城市环境的现代化进程，城市雕塑作为城市公共艺术设计的核心部分，其在城市建设项目中的应用日益增多。城市雕塑是一个国家或地区历史发展进程的缩影，反映了该时期社会生活的风貌。在当代城市中，雕塑起到了平衡、衬托、美化和装饰城市环境、增强城市公共空间美感的作用。同时，雕塑也在一定程度上作为城市文化的载体，人们用城市雕塑作为积极的精神文化载体，传递出民族特色和区域特色等丰富的内涵。

近十年来，随着城市公共艺术的发展，城市雕塑在城市建设中的作用日益显著，但由于对雕塑的创作与设计、解读与欣赏的指导尚有欠缺，大部分民众仅把雕塑看成一处室外小景。因此，通过宣传和普及，提高人们鉴赏雕塑的文化修养是很有必要的。

在许多西方国家中，城市雕塑拥有深厚的历史背景，并且它并未因时代、社会或国家的变迁而暂停。从古希腊和古罗马时代主导人们表达的城市雕塑开始，直至西欧中世纪的城市雕塑，它们融合了基督教、拜占庭、罗马和哥特等不同风格的雕塑，展现了其充满神秘和欢乐的艺术特色。文艺复兴时期是西方现代艺术发展最繁荣的阶段之一，也是城市雕塑发展最为活跃的年代，出现了一大批优秀的雕塑艺术家，他们将自己对人性的理解融入其中，创造出了许多优秀作品。文艺复兴时代的城市雕塑展现了鲜明的人文主义特色。在这个时代，雕塑的主题通常是赞美生活和英雄，充满了对人类创造力的认可。这些雕塑作品充满了乐观和自信，例如位于意大利佛罗伦萨西奥里广场内的米开朗琪罗所创作的《大卫》。自 17 世纪起直至 20 世纪，城市雕塑在全球各地的城市中随处可见，它们已经成为城市建设和文化传承的核心部分。

在我国的古代历史中，尽管秦始皇在秦朝时没收了全国的武器，销毁并铸造了 12 个重 24 万斤的大铜人，并将它们摆放在阿房宫殿前，但他并没有像西方那样将这些铜人视为咸阳城这座城市的一部分。此外，在随后的长时间里，我们并未见到与西方城市中的城市雕塑相似的作品。在 20 世纪的上半叶，伴随着我国经济的持续增长，一些经济和文化较为繁荣的城市，例如北京、天津、上海、深圳、成都和广州，开始出现了真正的城市雕塑艺术。到了 20 世纪 50 年代，尤其是 80 年代的后期，伴随着城市的经济和文化进步，城市雕塑开始频繁地被引入城市的公共区域，并产生了许多杰出的艺术品。

2. 城市雕塑的分类

城市雕塑主要分为以下七种类型，即纪念性雕塑、主题性雕塑、装饰性雕塑、标志性雕塑、陈设性雕塑、实用性雕塑及艺术综合体。城市雕塑在形式上可分为圆雕和浮雕两种，按材料划分可分为石雕、水泥雕、铜雕及其他金属材料雕塑。其放置位置灵活多变，或独立于某一处，或附属于建筑物之上，或放置于大庭广众之中，或隐匿于林荫小径之上。

城市中的雕塑，如果位于广场、车站或政府机关等关键地点，通常被视为地标。这些雕塑不仅高大壮观，具有纪念价值，还可以作为场景的点缀。相对较小的城市雕塑通常散布在城市公园、绿色空地和树荫覆盖的道路上，这些雕塑可以分布在城市的多个区域。其中一部分城市雕塑具有一定的纪念价值，而更多的城市雕塑则负责提升城市的文化吸引力，这些都反映了一个城市的地域文化和城市居民精神世界的各个方面。

（1）纪念性雕塑

作为城市雕塑艺术的核心和象征，纪念性城市雕塑不仅是对历史的一种纪念和见证，也是各个不同国家和历史时期所不可缺少的元素。纪念性的雕塑作品是为了表彰和颂扬那些为历史进程做出显著贡献和成就的人，同时也是为了纪念那些对历史产生重大影响的事件。纪念性的雕塑常常充满了某个时代的特色，这些雕塑经常被放置在城市的主要广场或与纪念对象相关的地方，并且它们的周边通常都预留了充足的纪念性公共活动区域。

（2）主题性雕塑

主题性雕塑主要描绘了某个历史时期或特定时代人们的愿景和期望。它们常常采用直观的语言、象征性的标志或隐喻的方式来展现某一特定的环境，其中蕴含了深厚的思想意义，并在其所处的位置和周围的空间中占据主导地位，起到了集中和领导的功能。

（3）装饰性雕塑

在城市的雕塑艺术中，大多数都是用于装饰的雕塑作品。这种类型的作品通常没有明确的主题或内容要求，其主要目的是装点和提升环境的美观度。装饰性雕塑以其多样的主题和创意为特点，营造出一种轻松、活泼的氛围，风格多样且尺度灵活。这些雕塑大多数都与其所处的环境密切相关，并与之完美融合，为一些原本缺乏趣味性和文化深度的环境注入了更多的艺术内涵。在当前旅游行业高度繁荣的背景下，装饰性的雕塑艺术经常被引入各类公共区域，为这些空间带来了独特的魅力。

（4）标志性雕塑

在当今许多城市中，不乏因城市中某一雕塑而被人所记住的，例如，人们一提到“胜利女神像”便想起纽约，一提到“撒尿的男孩”便想起布鲁塞尔等，这些雕塑通常被定义为标志性雕塑。标志性雕塑作品可作为一个城市的象征，发挥着说明性的功能，成为城市景观的重要组成部分。

（5）陈设性雕塑

陈设性雕塑与普遍意义上的在室外布置雕塑的方法不同，是将各类雕塑作品如同展览陈设那样集中布置于一处，让公众能够同时观赏多种多样的优秀雕塑作品，如东京“FARET 立川”艺术区，有的陈设性雕塑则全部是由一位设计师或一个团队制作而成，它们往往围绕一个主题，反映该主题之下一系列的社会现象。

（6）实用性雕塑

从 20 世纪中叶起，开始出现了一些雕塑性的建筑，这些建筑除了具备基本的建筑功能外，还兼具了雕塑功能，即能充当地标或具有一定主题、反映一定文化特质的功能。无论是在比利时布鲁塞尔的国际博览会原子球餐厅、广州市的广州塔，还是在欧美街头常见的被设计成花车的小卖部和书亭，这些都可以视为城市雕塑的延伸。

（7）艺术综合体

以雕塑艺术为核心的大型艺术综合体，其主要功能特性是具有纪念性质的教育效应。在人类文明的漫长历程中，从古代到现代，众多的艺术家已经多次且经验丰富地采用了建筑、园林、雕塑、绘画等多种艺术手法，使得环境空间呈现出丰富的层次感，并传递深厚的文化意义，从而展现出其独特的艺术吸引力。这批艺术作品通常具有庞大的规模和严谨的布局，通过运用雕塑、建筑、园林、文物展示、水景、灯光和电影幻灯等多种艺术手法，围绕一个核心主题，运用各自独特的表达方式，构建一个多层次和全方位的空间序列，从视觉、听觉乃至嗅觉等多个角度进行细致的渲染和强化。

3. 城市雕塑的功能与意义

（1）功能

①城市雕塑主要用于城市的装饰和美化，它的出现能够丰富城市景观层次感，增加城市居民的精神享受。

②城市雕塑是城市文化载体，也是体现城市性格的重要组成部分。一个优秀的城市雕塑，就如同一件精美的艺术品，对其所处的公共空间具有美化与点缀作用。

③城市雕塑是一种位于城市公共区域内的艺术作品，它可以在由钢筋混凝土构成的城市环境中，缓解因建筑密度过高导致的单调和压抑，同时也适用于开阔的场地，以平衡场地的不平衡性。

（2）意义

城市雕塑在城市公共空间中起到了不可忽视的作用。它不仅可以弘扬民族文化和反映时代特色，还可以歌颂伟大的成就和纪念历史人物。此外，它还可以装饰城市环境和丰富城市居民的精神生活。雕塑不仅可以用艺术的方式激励群众，还可以通过完美的形象来陶冶人们的情操。就空间意义来讲，一个好的城市雕塑作品，可以成为一个城市甚至是一个国家的标志。就时间意义来讲，城市雕塑既服务于当代，又为未来留下不可磨灭的印记，从而成为历史的见证，这是其他艺术形式所不能替代的，具有不可估量的社会价值。

（三）城市公共家具

1. 城市公共家具概述

随着城市的发展，城市形态已多种多样，城市设计也成为一门跨多学科的科学，自然而然，城市规划也日趋复杂。如今，我们如果仍然认为在公共空间中放置一个座凳或一个灯柱就是在装点城市，那这样的想法已不太正确或是太过简单化。在设置城市家具时，应在考虑装点城市的同时，将地方特色与城市文化体现其中。城市公共家具是被集中运用于城市空间的公共设施，是现代城市必不可少的重要元素。它服务于城市居民，同时又体现着一个城市的文脉与地方特色。随着城市发展和人们思维的变化，人们不断地修正着城市公共家具在人们心中的概念，如今，城市公共家具已不再是简单的城市公共设施，同时也充当着向人们阐述与描绘城市历史的角色，使人们能够通过城市公共家具窥见这座城市的历史一隅。“城市公共家具”一词最先出现在 20 世纪 60 年代的欧洲，英语为 Steet Furmiture，简称 SF，意思是“街道中的家具”。在欧洲被称为“城市元素”（urbanelement）；在日本解释为“道的装置”，也称“街具”，而在我国，人们对“城市公共家具”概念的理解大多为“公共环境设施”或“城市公共摆设”等。关于城市公共家具，公认的定义如下，为了向公众提供某种服务或某项功能，装置在都市公共空间里的私人或公共物件、设备的统称。

城市公共家具所对应的是室内的家具，当人们的生活空间从室内延伸到室外时，其生活基本的需求却是相同的，例如，垃圾桶、烟灰缸、座凳、电话亭、照明设施等。因此，城市公共家具是为了给人们营造更加舒适便捷的户外生活而必须存在的城市公共设施。

2. 城市公共家具的分类

按城市公共家具的使用服务功能可分为以下五种类型。

（1）公共休闲服务设施

在城市的公共区域内，城市公共家具的设计主要是为了满足市民在日常生活中的休息、娱乐和健身需求，这些家具主要涵盖了休息座椅、健身和娱乐设备、邮筒、电话亭、公用饮水器、售报亭以及照明设备等。

（2）交通服务设施

交通服务设施指的是那些主要为城市居住者提供交通指引和组织服务的公共家具，其中包括了路灯、路标、自行车停车区、候车室、行人天桥以及无障碍设备等。

（3）公共卫生服务设施

公共卫生服务设施指的是为满足城市居住者的公共空间卫生需求而设计的城市家具，其中包含了烟灰皿、垃圾桶和公共卫生间等设施。

（4）信息服务设施

所谓的信息服务设施，是为了满足公众对城市公共区域的需求，有针对性地提供快速的指引而设计的城市家具，它们主要由布告板、导向板和信息公告板组成。

（5）美化丰富空间设施

美化丰富空间设施是指为了增加城市空间的文化气息，美化和丰富城市公共空间的城市公共家具，包括雕塑、花坛、喷泉、叠水瀑布、地面艺术铺装、装饰照明、景观小品等。

3. 城市公共家具的功能和意义

（1）功能

①使用功能

城市公共家具设置的首要目的是方便人们的日常生活，使人们享受更加舒适便捷的户外生活。例如，在公交站、地铁站设置的公共座椅以及路线指示图，可为人们提供小憩之地和交通信息。因此，城市公共家具最基本的功能是使用功能。

②装饰功能

城市公共家具不仅具备使用功能，还兼备装饰、美化城市公共空间的功能。

③文化功能

一座城市的兴盛，是由生活在其中的人们所决定的，而有城市的地方也就有了属于这座城市的地方文化。每一座城市都有属于自己的历史，城市公共家具作为城市的重要元素之一和公共空间的重要组成部分，是传达“城市文化”最有效的媒介。

（2）意义

家具是人们日常生活的必需品，人类工程学关于人类行为与“人、物、环境”系统中的关联研究表明，家具与人的关系是甚为密切的。而城市又何尝不是一个大家庭，城市环境中的公共设施如同大家庭中的家具一样，人们营造一座城市，营造优美的公共空间，其目的是拥有更美好的城市生活环境，在城市这座大家庭中，城市公共家具对于提高城市居民生活质量的重要性也就不言自明了。

（四）城市标识系统

1. 城市标识系统的概述

标识作为视觉识别艺术中的一类，可以说从不同程度、多方位地影响着所有人。通过视觉来传达某种信息，是人类最根本的活动，这一点可以从人类演进的过程中得到验证。而作为标识的主要类别之一的城市标识系统，是城市公共设施中的一个重要组成部分，成熟的城市标识系统既有基本的实用性，又有高度统一的实用性与美观性。人们在通过城市标识系统精练地表达出引导信息的同时，也能感受到这座城市所传达出来的品位和品质，同时也能体会到城市的地方特色和文化习俗。然而，就是这些与人们生活息息相关的城市标识系统，在许多大中城市并没有得到足够的重视。可喜的是，近年来，随着国外城市标识系统行业的蓬勃发展，国内的标识行业似乎也处于普遍觉醒状态。

2. 城市标识系统的分类

城市标识系统可分为定位系统、交通指示系统、特殊指示系统，以及文明指示系统四大类。

（1）定位系统

定位系统又称为“定位标识”，是城市标识系统中最基础的部分，包括路名、路牌、路标、建筑物名称、门牌号、公司名牌、店牌等，凡是以区别为目的的标识设施都属于定位标识系统。

（2）交通指示系统

交通指示系统即通过标志符号或信息说明环境的导视系统，此类标志通常出现在城市道路或人流量较大的地方，包括交通警示、提示系统、斑马线、红绿灯、停车泊位指示系统等。

（3）特殊指示系统

城市空间中对特殊位置作提示或为有特殊需求的人群作提示的指示系统即为特殊指示系统，如公园标识、重要公建标识、文物标识、残疾人行走通道、公厕位置等标识系统。

（4）文明提示系统

文明提示系统是指以文字、图片信息为载体，以宣传城市文化特色、文明道德或方针政策为主要内容，包括文明准则宣传系统、政府告示、城市介绍、文明设施等。

3. 城市标识系统的功能与意义

（1）功能

①城市标识系统最基本的功能是指示其他区域，如街道、路巷、场所、建筑的地理方位。

②展示当地的文化内涵，如成都宽窄巷子的标识系统，是能够体现一座城市其特有的地方特色的方法之一。

③引导游客。将游客向其他景点疏散，其中安全指示还能够将人们指向安全地带。

④一些城市标识系统还兼具了实用功能。例如，可兼作指示系统的座椅、花坛、电线杆等。

（2）意义

由此可见，合理而优秀的城市标识系统，有助于增强甚至放大城市化以后的“城市效应”，城市中的各类标识系统，应组成一个科学而有序的功能性体系，不同的城市标识系统也应顺应城市地方特色而具有自身的特色。城市标识系统的完善不仅是城市内本地居民工作生活的根本需求，也是外来人员游览、熟悉城市的确切需要。

（五）其他设施

1. 照明

（1）城市照明系统

人类的发展史是一部不断追求光明与进步的历史，在漫长的人类进化过程中，远古先民们的第一盏“光源”恐怕是被闪电劈中的树木引燃的第一堆篝火，“日出而作、日落而息”是那个时代人们的生活常态，而随着人类文明的进步，光源从火把演变成了灯烛。到 18 世纪，美国发明家爱迪生制成的第一盏白炽灯，开了点光源的先河，可谓人类照明史上的一座里程碑。

现代公共空间的照明技术有很多种，光学的进步也为照明系统增添了更多的活力。随着社会经济的飞速发展，人们对现代城市照明提出了更高的要求。路灯是城市基础设施的一个重要组成部分，它在城市的社会治安、交通、居民生活和市容风貌中占有非常重要的位置，发挥着不可替代的作用，标志着城市的实力和成熟程度，已经成为城市景观的一个重要组成部分。城市照明不仅改善了人们的工作和休息环境，而且还可以美化城市形象，增强城市园林效应。城市照明不仅延长了城市经济活动的持续时间，还促进了城市旅游业的发展，并激发了城市居民的消费热情，这正是城市照明在城市经济功能中的具体体现。

（2）城市照明系统的发展趋势

城市照明系统目前趋向于城市夜景照明节能，城市照明的节能可从以下五个方面努力。

①按照城市总体规划，实施单个项目。根据规划的要求和有照明需求空间的具体情况综合定位，以确定该区域是否需要做夜景照明或所需照明的亮度，避免盲目追求高亮度照明。

②照明光源的选择，应根据照明效果的需求来确定。

③应选择配光适宜、控光性好的灯具。灯具效率不宜超过《建筑照明设计标准》（CB 50034-2013）的规定，荧光灯和高强度气体放电灯功率因数不低于 0.9 和 0.85。

④对照明能源的选择，应选择条件适宜的，采用风能、太阳能等可再生能源。

⑤照明控制尽可能采用光控、声控、调光、时控、数字照明等科技手段，且在照明时段上，应严格按照重大节日、一般节日、平日三种模式控制运行。

2. 水景

（1）水景系统

随着我国城市化进程的加快，景观建设活动日趋频繁，城市水景的建设也越来越引起人们的高度重视。城市的水景景观日趋丰富，水景设备也越发先进，各种音乐喷泉、激光喷泉、程控喷泉层出不穷。城市水景可分为静态水景和动态水景两种，静态水景包括城市公园湖泊、城市景观水池等，一般体态较大。动态水景包括溪流、瀑布、喷泉等，而喷泉在城市空间中的应用较多，在大型广场中，人工动态喷泉形态，多来自自然水态，如叠水、水帘、壁泉等。水景在当今城市空间中，已形成了一道独特的人文景观。

（2）水景设计的发展趋势

①水景设计的参与性

水作为城市公共空间中具有灵性的组成要素之一，其发展趋势与现代城市公共空间设计发展趋势一致。人类在进化过程中，会本能地把兴趣和精力集中在未知的事物上。在互动结果的不可知性下，一切都变得有趣而神秘，水景作为城市中最灵动的精灵，应充分运用于与人的互动当中。

②水景设计的艺术性

城市公共艺术设计作为一门交叉学科，在科学不断相互交融的大背景下，越来越多不同专业背景的人投身其中，这给城市公共艺术设计带来了前所未有的艺术性和个人色彩，水景设计当然也包含其中，因此，水景的形式也越来越具有艺术气息与雕塑感。

③水景设计的融合性

水景经常会与广场空间、亭廊花架、休息座椅、特色雕塑等多种景观形式结合起来设计，已经很难分辨其中哪一项是独立于其他要素而存在的。水的独特性质使得水景可以结合其他空间要素而共同存在。

④水景设计的科学性

水景在城市公共艺术设计的诸多元素中，是最能与科技运用紧密结合的元素之一，主要表现在喷泉设计中，而随着城市公共艺术的不断发展与进步，水景设计的科学性也日益凸显，如水幕电影、音乐喷泉等过去被人们视为新兴技术的造景手法，现在已经为人们所熟知。而随着科学的进步，水景设计的步伐也必将紧随其后，成为高新科技运用的载体而造福于城市居民。

3. 铺装

（1）铺装系统

城市的地面铺设装饰是由多种材料制成的，其中涵盖了园路、广场、活动区域以及建筑地面等部分。城市铺地与环境有着密切的联系，它反映着一个城市的风貌特色以及社会经济发展水平。城市的道路铺设不只是为了方便交通，同时还为人们带来了审美的愉悦，并增添了城市的艺术魅力。

在城市的公园或广场里，道路的交通功能是为了满足游客的需求。尽管道路本身也具有促进交通流通的作用，但其交通系统的设计并不是基于快速通行的原则。园路的设计应当与地形、建筑风格、植被和湖岸相协调，并受到环境的影响，以实现“预想之中又出乎意料”的视觉效果。

（2）铺装设计的发展趋势

①铺装设计应以功能性为主导

在城市景观设计中，铺装的功能性被视为一个至关重要的准则，特别是在设计如公园这样的大规模景观时，必须始终坚持以人为本的原则。一个城市景观设计的成功通常体现在技术和艺术的和谐结合上，主要目标是满足人们对功能性需求的追求。

②运用铺装材料和样式变换形成空间界限

通过对铺装材料和样式变换的运用，分隔和变化城市公共空间，形成空间界限，两个功能不同的空间往往采用的是不同的铺装材料或同一材料的不同样式。

③利用不同铺装所带来视觉效果，引导游人视线

在设计城市的公共区域时，人们经常使用直线形状的路面来指引游客的行进路径，对于那些需要游客停留的区域，通常会选择使用稳定或缺乏方向感的铺装材料；当游客想要关注某个关键景点时，他们通常会选择向该景点方向的地面铺装方式。此外，通过调整铺装线条，我们可以改变空间的感觉。例如，与视平线平行的线条可以增加空间的深度，而与视平线垂直的线条则会增加空间的宽度。因此，通过合理地利用铺装功能，我们可以在视觉上调节空间的尺寸。

④利用铺装形态强调城市公共空间铺装的人性化

运用铺装时，在强调其个性化环境特征的同时，还应该注意铺装人性化的运用，从而提升园林空间的品质，使其贴近生活。

4. 绿化

（1）绿化设计

城市中的绿地主要是为了种植树木、花草以及布置相关的配套设备，这些绿地基本上都被绿色植物遮盖，并为其赋予特定的功能和用途。

狭义上的城市绿地指的是那些面积不大、设备不多或完全没有设施的城市绿地区域，这与那些面积较大且设备齐全的公园有所不同，也不同于以道路为中心所构成的城市绿地系统。广义上说，城市绿地是指在城市规划区域内的各类绿地，这包括六大类别：公共绿地（包括各种游憩林荫带、公园）、交通绿地、居住区绿地、生产防护绿

地、附属绿地、风景区绿地（如风景游览区、疗养区、休养区等）。

城市绿地不包括如下几个方面。

①以物质生产为主的耕地、林地、牧草地、竹园和果园等绿地。

②垂直绿化、屋顶绿化、室内绿化和阳台绿化。

③水域。

（2）绿化设计的发展趋势

①实现景观物种多样性

绿化景观不应当是“大草坪”“大草坪＋点景树”“千园一景”一味地去模仿，而应立足自身现实条件，选用多样的植物进行配植，以达到既拥有自己的特色，同时又与周围环境相协调的效果。

②适地适树

植物的生长需要合适的立地条件，因此，在绿化设计中应遵循“适地适树”原则，提倡使用乡土树种。

③发展地方特色

以城市中的行道树为例，虽然一直以来，提倡以乡土树种为主，同时发展地方特色，但综观全国，除北京（国槐）、广州（木棉）、福州（小叶榕）、成都（木芙蓉）外，北方大多城市使用悬铃木、银杏，南方则一般使用樟树、槭树、马褂木、红花槐等。城市绿化应大力发展地方特色，只有树立科学的发展观，克服绿化种植中出现的不良之风，因地制宜，才能促进城市绿化的可持续发展。

④以人为本

在绿化配置上，除了考虑景观效果外，还应注重以人为本，如毛白杨虽树形美观，但春天花絮满天飞，影响居民正常生活，不适宜用于居住区绿化。只有以人为本，人与自然和谐相处，才是建设城市绿化正确发展的道路。

5. 大地艺术

（1）大地艺术设计

大地艺术（Land Art）有时也被称为“地景作品”（Earth Works）或是“地景艺术”（Earth Art）。大地艺术起源于环境艺术（Environment Art），从更宽泛的角度看，它是环境艺术的一个分支。

尽管大地艺术是艺术与大自然的融合，但这并不是说大地艺术是艺术作品强行施加于自然之中，而是对自然进行一些微小的修饰，保持其原始的自然面貌，让人们重新评价它所处的环境，例如保加利亚艺术家克里斯托在美国加利福尼亚创作的大地艺术作品“飞奔的栅篱”。

大地艺术是一种与自然环境紧密相关的艺术形式，它是艺术在原始自然中的直接表达，并在自然景观中进行应用和处理的一种艺术手法。正因为这种独特的性质，大地艺术常常会受到气候条件的制约，这也是为什么其中的一些作品在生命的最后时刻只会短暂地存在。以美国艺术家史密斯逊在美国犹他州大盐湖创作的“螺旋状防波堤”为例，它由盐结晶体、黑色玄武岩、红水（海藻）和泥土组成，形成了螺旋状的结构，其大小约为 1500 f（1f = 0.3048 m）。然而，由于海平面的变化，这种艺术形式已经被淹没。

（2）大地设计的发展趋势

在进行大地艺术创作的过程中，艺术家应当首先考虑到当地的气候条件和所使用的材料等多个因素。创作的过程就是对大自然的观察、理解以及对自然情感体验的表达。虽然创作过程在某种程度上与建筑设计相似，但它更多地强调了整体的自然之美与环境的和谐融合。在创作大地艺术作品的过程中，我们需要追求制作材料的多样性和平等化，并努力消除艺术与日常生活的界限。

大地艺术作品的生命是短暂的，而创作的目的是让大多数人参与其中。尽管这种参与行为完全脱离了实用性，只是在短暂的幻想中获得未知的体验，但其震撼的力度和人文诉求的满足度确实是巨大的。大地艺术家在对待大地艺术的态度上展现出了鲜明的二极化特点，其中一些艺术将大地视为画布，呈现出对大自然的深沉情感，如史密斯逊这样的代表性艺术家。某些艺术家选择在大自然中探索自然的深层空间，仿佛他们回到了古代，对那些神秘的事物，例如席拉和海札，持有崇敬之情。某些艺术家将他们的艺术创作焦点完全转移到了自然的审美特质上，从而让自然之美在最初的阶段逐渐展现出来，例如森菲斯特。

简而言之，大地艺术是一种与自然环境紧密相连的艺术，它不仅能够突出自然之美，还具有很强的震撼力。

二、城市公共艺术设计的特征

（一）场所上的公共性

城市公共艺术不仅创造了公共空间和公共场所，还催生了一种以市民文化为核心的文化现象，这种文化强调在这些公共空间里进行共享和互动。

1. 公共艺术的公共性得以产生的基础是公共领域的产生

在城市的历史进程中，“公共空间”始终与“城市”同步发展，这反映了一个城市的公共环境质量以及城市生活的繁荣程度。古代中国的都城“市井”最初仅仅是供人们取水和交易的场所，但随着时间的推移，它逐渐演变成了一个人与物品混杂的地方，成了最能反映当时社会风俗和民情的休闲场所。而在西方的中世纪时期，广场大多从宗教活动的场所逐步转变为城市居民的主要户外交流场所。在这里，市民不仅可以了解最新的新闻，还可以观察和讨论当下的时事。

在当今的城市环境中，那些能够聚集人们进行互动和活动的地方，通常被称作城市的公共区域，其中普遍包括了城市广场、开放式市场、商业步行区和城市公园等。城市公共空间具有一定程度的公共性、公益性，在满足人们生活需要、提高生活品质方面发挥着重要作用。城市公共空间的构建是受到多方面因素影响的，包括城市规划、居民结构、自然环境以及审美品位等。

2. 对公共精神的反映和对公共事务的思考成为公共艺术的主要表现

城市公共艺术应该具有为社会整体服务的思想，设计作品的观念与理念必须向公众靠拢，并要体现出对社会的人文关怀，比如人与自然的和谐、对战争的纪念与反思，等等。

当代城市公共空间不仅是艺术展示的场所，而且还是大众可以交流、休憩，抑或是思考的地方。

3. 公共参与是公共艺术创作中的主要方式

公共艺术的公共性不仅是指艺术品所处场所的开放性与公开性，也指艺术品面向公众，服务于公众的社会公共性。大众是公共艺术的受众，也是公共艺术的核心要素。倡导公共艺术的参与性，对于公众参与艺术创作，提高全民艺术修养和审美情趣也具有十分重要的意义。

近年来，各级政府对公共艺术投入不断增加，公共艺术作品中的公众参与性也在明显增强。北京地铁南锣鼓巷站内别具一格的公共艺术作品《北京记忆》，就是一个生动的例子，所有路过的人都可以与这些艺术作品进行互动。该作品灵感来源于琥珀，将一个个代表时代缩影的老北京物件，如粮票、顶针、徽章等，通过琉璃铸造封存在站厅墙面上。公众可以通过扫描二维码阅读物件背后的信息和故事，还可以通过留言等方式进行互动。

（二）艺术形式上的开放性

作为公共开放空间的艺术活动，公共艺术具有强烈的开放性，这种开放性体现在场所与观赏者的审美情趣两方面。

1. 公共空间艺术活动场所的开放性

城市公共艺术使艺术从崇高的殿堂走出，走进市民中间，平等地与市民进行对话。

（1）公共艺术作品与空间环境的互动关系

公共艺术通常位于人潮汹涌、车流繁忙、视野开阔的开放区域，包括广场、公园、人行道、街道、车站等。这些开放的环境为各种形式的艺术提供了广阔的表现与交流平台。公共艺术创作不仅需要在形态和视觉上具有开放性，还应具备从多个角度和广阔视野进行观赏的能力，以及能够让公众直接参与到这些作品中。

长安大戏院地处北京建国门内的光华长安大厦，场所前人流密集，视野开阔，是国内外人士关注中国传统民间戏曲和欣赏京剧的艺术圣地。大厦广场正前方矗立一座京剧脸谱艺术雕像，高 4.5 米，是以京剧脸谱为素材并巧借长安大戏院为背景的透雕作品。其形式简约却不失生动，用其概括的色彩彰显了京剧的辉煌历史，弘扬了民族的传统文化。雕塑色彩鲜明，气势恢宏，张力十足，具有独特的艺术魅力，与空间场所形成了良好的互动关系。

（2）公共艺术作品与人的互动关系

公共艺术观念自身承载了特定的文化目的，在公共领域中，我们通常称为“公共艺术”的大部分作品都是为大众创作的艺术形式。这种“公共性”与“艺术性”并不是对立关系，而是一种共生关系。

公共艺术已经颠覆了传统艺术中艺术家、作品与观众之间的线性关系。在公共艺术的演变中，公众的参与始终被重视，很多作品是由艺术家、设计师和大众共同创作的，这种公众的参与使得公共艺术真正转化为大众的艺术形式。

2. 对观赏者不同审美情趣的开放性

公共艺术的核心任务是为大众提供服务，换句话说，它不仅仅是高雅的艺术形式，更是缩短艺术与公众之间距离的关键手段。在此背景下，公共艺术亦需坚守其独特的艺术价值，而不是盲目迎合大众口味。

（三）艺术表现上的通俗性与多样性

1. 表现上的通俗性

在公共空间中，人流如织。面对各种社会背景、教育经历、民族、宗教信仰，甚至是不同国家的人们，公共艺术创作应该更加注重满足公众需求且易于理解的通俗语言表达形式。这里提到的通俗化，并不是指大众普遍喜爱的“陈词滥调”的作品，也不是在艺术上的“世俗化”，而是指将大众的审美心态视为一个基本的学术议题来看待，强调审美的公共性，强调作品与环境、公众的和谐亲近。

在公共艺术的创作过程中，我们不仅要反对那些仅仅迎合市民心态、缺乏创意的艺术创作（环境艺术不应仅仅强调其功能性），还需要避免将艺术家的工作室和美术馆的作品简单地搬到公共空间里。在此背景下，艺术家对于创意和公共性的研究成为理解和掌握公共艺术品展现标准的核心要素。

2. 表现上的多样性

除了传统的雕塑、壁画等表现形式，如今伴随着诸如影像、装置、新媒体等艺术形态逐渐兴盛，艺术家越来越多地运用新的手段、新的媒介和新的科技来表现作品，公共艺术介入城市公共空间的方式和手段也更加多样化。

（四）公共艺术的时代性与地域性

1. 时代特征

公共艺术是现代艺术的一部分，与古典艺术及现代主义艺术有所区别。现代公共艺术是一个开放、多元、复杂且充满矛盾的领域。公共艺术创作需要与时代发展保持同步，无论是在总体设计上还是在作品形态上，都应体现出现代人能够接受的时代特色和精神内涵。

公众作为公共艺术的受众，其受到的时代影响是非常显著的，而在不同的历史时期，公众对公共艺术的看法和反应也存在着显著的差异。作为公共艺术的创作者，艺术家不仅推动了公共艺术的进步，还将时代的元素融入艺术创作中。因此，公共艺术是以时代精神为依托的一种艺术创作形式，它不仅能够满足人们对于精神层面上的要求，还可以提升城市环境以及城市形象。公共空间，作为公共艺术的传递工具，具有显著的时效性，并对公共艺术的存续起到了决定性的影响。公共艺术之所以具有鲜明的时代特色，是因为它受到了时代背景的深刻影响，并且只有在满足了一个时代大众的审美需求时，它的艺术价值才能得到真正的体现。在这个时代，艺术、大众、艺术家等都被紧密地联系在一起，并通过特定的艺术领域持续推动公共艺术的进步。

2. 地域文脉特征

不同的社会、国家和文化因其不同的社会形态、文化背景，所反映出的具体形态也有所不同。经过各种人文和历史的沉淀，形成了独特的文化属性和审美取向。城市的空间布局因其与历史和文化的持续演变而有着紧密的联系，进而也就形成了各自独特的城市空间文化特征。从某种角度看，城市公共艺术可以被视为一个城市的象征和肌理。在一个城市里，是否存在着具有创新性的公共艺术创作和公众可以参与的艺术讨论或评论，以及是否有适当比例的公共场所供人们进行文化和审美的交流与娱乐休闲，已经变成了衡量一个城市品质好坏的重要指标。这些通常是城市居民的生活习惯、生活质量以及社会各群体精神状况的直接或间接反映。公共艺术是城市空间的一部分，它不仅反映了城市的文化脉络，还展示了城市的独特气质。地域文脉特性作为艺术创作的宏观文化背景，无疑构成了城市公共艺术的核心精神。受到当地的民族和人文艺术的深刻影响，公共艺术设计不仅在主题选择上，而且在设计技巧和材料选择上，都应明确并生动地展现出当地的人文精神和特色。城市公共艺术应被视为历史文化的承载者、市民情感的寄托、城市多彩的标志物，以及人民智慧的启迪之窗。

对于某些古老城市的历史和文化区域，以及其独有的自然景观和空间元素，例如广场、街道和具有历史意义的建筑，我们应该采纳整体的特色和风貌保护措施，确保城市的公共艺术与其原始空间在同一区域内和谐共存，而不损害其原有的结构，这是对已有历史遗产的进一步传承和发扬。

（五）设计上的科学性

当我们探讨艺术议题时，文化、时代和社会背景往往是不可或缺的，如果忽略这些因素，艺术可能会被边缘化。现代社会的发展是建立在时代背景之上的，以科学技术作为其推动力，现代科学技术的发展方向是建立在综合化、总体化的总体趋势上的。在这个科技竞争激烈的时代，科技人才的培养策略必然会面临新的选择，有些人甚至提议重新构建他们的专业观点。也有人认为，将科学与艺术分开本身是十分落后的，因为对于艺术本身来讲，是脱离不了与科学共同进步、共同影响关系的，单一地将其分开难以解决复杂的情况，对照当代城市公共艺术的发展趋势，它与科学技术总体化、综合化的状况，在一定程度上是相近的，特别是在艺术与环境的关系变得越来越紧密的情况下，城市公共艺术必然需要被提升到更重要的位置来思考，Pleated Inflation 是法国 Argeles 的一个非正式的永久性游乐设施，由 The Very Many 的建筑师 Mare Formes 设计，这项设计通过自定义的计算协议结构塑形、几何画法和应力穿孔技术被开发出来。二维网格线作为轨迹在空气中扩散和膨胀，形成了用最小的轻质材料创造的庞大空间。

21 世纪全球环境问题已提到了人类生存问题的高度，被各个国家所重视，因此，无论是景观设计人员还是公共艺术设计人员都是大有作为的。在人类长期的发展竞争中，我们不仅为大自然留下了各个民族的珍贵艺术遗产，但也因为一些短暂的得与失，对大自然的生态环境造成了影响或破坏。因此，激发人们对艺术环境的创造和创造的热情，无疑是现代社会所应承担的历史使命。

倡导公共艺术的理念，实际上是基于这一主题和认知进行的深入思考。一个出色的城市公共艺术创作，应当与其所处的环境相结合，构建一个有序的整体视觉体验，并在特定的历史背景下传达出独特的空间观念和文化意义，承担起维护所处空间所需的环境和空间的责任。城市公共艺术就是通过一定的物质材料或技术手段将人们心目中理想的城市形象展现给大众的一门综合艺术形式。在现代艺术设计的核心理念中，每一位参与设计和施工的专业人士都需要明确自己在这一复杂系统工程中的角色和位置，以及如何与其他专业元素进行有效的协同工作。只有当各个专业领域和各个施工环节共同努力和协作时，我们才能成功地创作出一首具有深刻内涵和感染力的公共空间交响曲。这也被视为一个城市公共艺术设计师达到成熟的关键标志之一。如果缺乏深入且细致的设计思维，那就好比电影中没有导演，乐队中没有指挥。以城市建筑规划为例，每栋建筑的设计都不能完全由其业主来决策和选择。每栋建筑内部的各种组合关系，以及建筑与其他建筑之间的整体组合关系，都需要经过深入的思考、多方面的分析和比较来确定。只有这样才能在有限空间内创造出具有一定特色和风格的建筑形象，从而达到为公众服务的目的。特别需要注意的是，建筑的外部结构、比例、色调、材料选择以及外部轮廓的图像和光影效果等，都应被视为评估标准的关键要素。关于建筑的风格问题，这也是一个核心议题，通常涉及四个相互关联的方面：西方与东方、古代与现代、整体与局部、功能与审美。不仅是建筑设计与艺术风格之间的联系，城市规划与整体建筑设计之间的问题也同样重要。

我们可以将人类的聚居行为视为人类文明的集中表现。与此相关的城市公共艺术也受到总体规划的限制。这种限制是艺术的一个显著特点，它与纯粹的个人绘画或雕塑有所不同。如果我们不能明确这种限制与城市公共艺术之间的联系，那么艺术的风格就可能会发生变化，内容就可能会偏离主题。所以说城市公共艺术设计必须考虑到人、社会及自然之间的相互关系。对于那些致力于城市公共艺术设计和创作的艺术家，他们首先需要深入了解外部环境的适应性和艺术风格的和谐统一要求。同时，他们还需要熟悉现代科技的进展，掌握新型材料的特性，熟练掌握现代科技的处理方法，并增强对现代艺术设计的审美意识，以及现代人文科学和社会科学的思考方式和观点。只有采取这种方式，城市的公共艺术设计才有可能走向多样化，城市公共艺术的展现技巧才会变得更为丰富。

例如，第 54 届威尼斯国际艺术双年展中美国国家馆参展作品“算法”，该作品为一台与管风琴连接的取款机，参观者在取款按键时管风琴会发出不同的声音，这是城市公共设计与科学、艺术、工程学完美协作的创作。

（六）城市公共艺术与环境艺术

1. 公共空间艺术与自然环境

城市公共艺术的设计、施工与维护，不应脱离城市所具有的地理环境和自然资源，同时公共艺术的创造也应该考虑与周边自然环境相协调。

2. 公共空间艺术与文化环境

城市公共艺术有明确的地域和场所的针对性。它或是一个地域文化的浓缩体，或是一个承载文化的媒介，抑或是某个历史事件的记述者。城市公共艺术的创作没有通用性，只能具体针对某个空间、某个城市的特定地域和场所进行创作和设计。如北京奥林匹克公园中的青铜编钟艺术作品反映了皇城根的城市片段主题，充满古韵的青铜编钟与现代建筑“鸟巢”遥相辉映，在城市的中轴线和现代的体育场馆之间，创造出全新景象。

第三节　城市公共艺术设计的原则与方法

一、城市公共艺术设计原则

（一）环境和谐原则

人文、社会和环境构成了公共艺术的核心，对环境的关心和重视是至关重要的。从某种角度看，环境蕴含了深厚的社会意义。环境要素的构成主要涵盖了自然环境、建筑环境和人文环境这三大部分。在宏观层面上，自然环境包括生物圈、大气圈、水圈和岩石圈等，而在我们的日常生活中，每一棵草和每一棵树都是情感的产物；建筑环境涵盖了建筑的内部和外部空间，也被称为人造环境，例如道路、建筑物和绿地等；人文环境指精神领域的审美取向、价值判断与审美活动，如文学、绘画、雕塑等；前两个因素构成了公共艺术存在的硬性环境，对其规模、材料和形态产生影响，而后一个因素则是影响公共艺术文化质量和思想深度的软性环境。作为一种公共艺术的核心，它需要与前述的几种环境元素和谐共存、相互依赖，以实现人与环境、人与物体、人与人之间的高度协调。

公共艺术设计的中心思想是生态环境的完整性，它并不只是关注传统的功能和形态，更注重公共艺术在人类文化和自然环境中的恰当位置。这一艺术形态并不是强行施加于自然界的，而是在其中实现了融合。因此，设计师也将从个体艺术创作的角色，逐渐演变成公共艺术的策划者、协调者以及塑造者。该设计的审美和价值导向主要集中在以下几个方面：一是地域特性的原则，二是充分理解场所的自然特性，三是对大地和空间的尊重。地域环境文脉传承，注重其内在的、精神上与视觉上的城市性格指向，彰显城市精神。宜人尺度原则——不能用虚张声势的形态抹杀人的比例，对人的速度和尺度的观照就是对自然本身的观照，使之成为与人类生活相关的艺术。绿色设计原则——一种以节约自然资源和保护生态环境为指导思想的新思路、新方法。通过设计使有限的资源实现其有生机、可分解、可再生，人、艺术、自然共荣共生，生态和谐是基本要求。公共环境中系统化的公共艺术设计最终应实现形式风格、文化形态、实用功能与环境的有机整体性的融合。

（二）美的原则

公共艺术的艺术呈现不仅满足了人们在生理、行为和安全方面的需求，而且更加强调了实现自我价值和尊严等更高层次的精神追求。公共艺术设计的核心目标是创造出一种人造的空间实体形态，以满足人们在环境生活中的全面需求。首先，这种设计应该在视觉上具有美感，因此，美学原则是设计界普遍遵循的基本原则，也就是必须符合形式美的基本法则。公共艺术的创作过程实际上也是一个美的发现和再创造的过程，所以我们应该重视对艺术理论和艺术创作方法的学习研究，只有不断提高自己的艺术修养，才能使作品更具个性和魅力。公共艺术是艺术领域的一个分支，尽管形式审美法则不是绝对的，但它包含了人类审美的共同元素，即通过点、线、面、体、色彩、肌理、质感、装饰等元素按照一定的形式法则构建的。通用的艺术原理是人们多年对自然和人为美感的长期实践，总结归纳的艺术技巧和观念，掌握并充分应用是公共艺术设计的基础。

1. 对比与统一

在公共艺术设计中，从对比中寻找统一，从统一中寻找对比，并将对比与统一紧密结合，这是最核心的设计原则。这里的“对比”是指目的在于展示差异、强调各种形式的元素之间不同因素的比较。通过对比的方式，人们的感觉会受到强烈的刺激，这不仅令人兴奋，还使得作品显得更为生动和充满活力。体现形式如大小、高低、主次、简繁、冷暖、明暗、轻重、快慢等，公共艺术的设计及实践，更注重大小、强弱、质感、色彩、几何形等对比关系。

对比的核心思想是加强矛盾，而与此相反的策略是“统一”，这意味着减少矛盾，实现和谐。在设计领域，追求统一意味着在视觉元素的对比和矛盾中寻找平衡。因此，为了实现设计的整体效果，通常会采用多种不同的设计方法来追求和实现统一。例如统一的构造、统一的色调、统一的连接点以及统一的材料选择等。通过对比，可以让造型更加生动和具有鲜明的个性，统一的设计能让整体造型显得更加柔和与亲近。统一与对比是矛盾的两个方面，高度统一设计会呈现基调与风格，但同时也会带来单调乏味、呆板。对比则产生新奇活泼、兴奋刺激的生动感，过度则会造成杂乱无序。总之，对比和统一是互为矛盾的一对法则，只有彼此达到平衡才能呈现既生动活泼又和谐的状况。

2. 对称与均衡

对称描述的是物体或图形的两侧在大小、形态和排列上都存在一种相互对应的联系。对称的设计风格因其完整、简洁、稳定和舒适的视觉效果，在设计界得到了广泛的应用。均衡意味着在布局上数量持平，但在形态上存在差异的均衡状态。它存在两种不同的平衡状态，分别是对称的平衡和非对称的平衡，对称性可以带来一种平衡的感觉，而这种平衡又融合了对称性的元素。颜色、声音和线条的对称性，以及这些元素的平衡搭配，都是形式美学中经常出现的特点。尽管也存在通过打破平衡和对称的布局来展现其美感的方法，但这样的情况并不常见。从审美的视角来看，这是对均衡的解读。

在公共艺术设计中，对称与均衡被视为构图的核心，它们的主要功能是确保构图的稳定性。对称和均衡的设计能够吸引人们的目光，使他们的目光聚焦在布局的核心位置。这种构图具有很强的稳定性、统一性和静态感，因此在设计过程中，它可以被用来强调重点、凸显主体，并为人们带来一种宁静和庄重的体验。对称和均衡虽然不是同一概念，但它们在本质上是一致的——稳定。通过长时间对自然界的观察，人们逐渐形成了一种被称为稳定感的审美观点和视觉偏好。因此，只有当造型艺术与这种审美理念相契合时，它才能展现出真正的美感，如果与此原则相违背，可能会让人觉得不适。对称和均衡并不等同于平均，它们之间存在逻辑上的比例关系。尽管平均分布是稳定的，但它缺乏变化，如果没有变化，就失去了产生美感的基础，因此，在构图中最不应该做的就是进行平均分配。对称性具有极高的稳定性，这种对称性赋予了它一种庄重、和谐的氛围。例如，我国古代的建筑就采用了对称的手法，但与对称相比，均衡的变化则要大得多。因此，对称虽然是构图的一条重要原则，但在实际运用中机会比较少，用得多了就产生千篇一律的感觉。注意聚与散、疏与密的变化，是处理好均衡美的关键。

3. 节奏与韵律

节奏与韵律是自然界事物变化的规律与现象，与来自音乐的概念相似，也是对比与统一法则的一种艺术化处理手法。节奏本质上是建立在有序和有组织的基础之上，通过不断地、重复地进行排列，从而形成一种特定的律动模式。在公共艺术设计领域，节奏是通过色彩、线条、方向和形体等多种因素的规律性变化来激发人们心理体验的。它呈现出等距离的连续性，并结合了明暗、长度、渐变、大小、形态、高度等元素的组合，让人在音乐中感受到节奏的魅力，从而带来一种与音乐相似的审美体验。

从音乐的角度看，它的核心思想是利用时间间隔来调整声音的高度和强度，从而产生有规律的节奏，进而塑造出独特的韵律。在设计艺术领域，韵律是由各种造型元素按照特定的节奏和规律变化而形成的，它能让人体验到秩序的和谐和充满生命力的律动感。由于造型元素的差异，产生韵律和节奏的方式与过程也会有所不同，从而给人带来不同的感受和体验。比如说，线条和色彩的韵律生成方式是截然不同的。前者能够通过线条的有序排列和变化产生韵律感，而后者则需要通过色相、明度和纯度的变化产生韵律感。韵律是艺术表现手法中有规律地重复、有组织地变化的一种现象，按其形式特点可分为连续的韵律、渐变的韵律、起伏的韵律、交错的韵律等不同类型。不言而喻，韵律手法的共性是重复与变化，强调彼此呼应、相互关联。在设计中应通过不同造型元素的特质，去体验它们产生节奏和韵律感的依据，用艺术手法强化设计艺术感染力并给人们带来视觉及心理的愉悦。

（三）文化传承及批判原则

从客观角度看，公共艺术不仅是现代城市生活方式和城市文化的产物，而且集中展示了城市生活的理想、激情以及城市文化。城市文化是一种由城市母体孕育和发展出来的文化现象。文化可以定义为人类在摆脱了固有的自然属性和状态限制后，在后续的进化和发展过程中所积累的知识和共同遵循的行为模式。在特定的地理环境和条件下，文化展现出其内在的认同和与其他种类的区别，这意味着文化具有高度的综合性和复杂性。这包括了一个地区或民族在其长时间的生活和成长中所建立的知识结构、族群信仰、社会习俗、宗教信仰、艺术与文化、法律制度、社会伦理和禁令，以及对于物质世界和制造技术的深入了解。此外，它还涵盖了人们在社会中积累的所有经验、所拥有的能力和所形成的传统习惯，这些都是人类创造的物质和精神成果的综合体现。

公共艺术不仅是人类文化体系中不可或缺的一部分，还是这一大文化范畴的一部分。由于其公共性和独特的城市文化特质，它不可避免地会受到特定社会文化和思维方式的深刻影响。一个城市在漫长的社会历程中塑造了其独特的文化内涵，塑造了城市的个性，并由此产生了一系列关于城市的印象和记忆。城市的公共艺术设计必须与其所处城市的特性和精神相一致，这样才能避免出现“千城一面”的设计格局。由于城市性格的多元性，从逻辑角度看，城市公共艺术应当具有其独特的风格，并且城市性格与其公共艺术之间有着紧密的因果联系。

我们创建城市公共艺术的初衷是唤起大众对城市文化的回忆，并进一步丰富城市的精神内核和深度。因此，城市的公共艺术也变得生动并富有深意，这些艺术是在其所处的城市中诞生的。当我们讨论城市公共艺术的精神构建时，有必要从一个不同的角度出发，对我们的设计师和艺术家提出更高的要求，即他们应当具备作为知识分子应有的文化意识和使命感。换句话说，当我们有机会在公众场合展示自己的创作时，我们应该结合自己的生活体验、心灵追求和艺术创新能力，与我们所生活的社会进行真挚且富有建设性的交流，用我们的“小我”去观察并与社会的“大我”建立联系。同时，我们也承担着对社会进行批评和文化反思的重大责任。公共艺术的社会属性不仅仅局限于形式上的视觉装饰和环境美化，它还必须肩负起社会反思、警示和批判的文化责任。实际上，以“反思”“祛魅”和“启蒙”为核心特点的现代艺术的历史任务尚未达到终点。正如哈贝马斯这位西方现代哲学家所阐述的，“启蒙工程作为‘人类历史上最伟大的发明’从未失败过，我们依然有充分的理由对其进行改革。改革的核心应该是建立交往的理性，而不是将文化混乱的责任完全归咎于文艺的现代性”。很明显，公共艺术的职责应该涵盖道德、思维和社交规范的启蒙和批评。

（四）公共人本原则

城市公共艺术设计的核心目标在于通过提升公共场所的人文氛围，以满足人们在物质和精神层面上的需求，从而促进社会的和谐与互动，“人本主义”构成了其核心理念。城市公共艺术设计师在设计时，必须坚守“以人为中心”的核心原则。他们需要深入研究和理解人们的行为模式和心理需求，从而创造出高质量、多功能且充满人文气息的空间，为人们提供一个有趣、温馨、安全、自由和愉悦的体验和感受。在未来城市的规划和建设过程中，公共艺术不只是为了提高现代人的情感和生活水平，更应该激发市民的荣誉感、责任感和团结力。

在城市公共艺术的人性化设计中，通常需要从两个主要方面进行思考。

一方面，研究人们在各种空间环境中的行为模式，同时考虑到人们的情感、心理状态和审美观念，都是对公共道德和理想的坚守。在此基础上，我们应当创造与人的行为特点相匹配的多样化需求，并明确主要和次要的需求进行整体规划。在行为和心理需求上，我们充分考虑了来自不同年龄、职业和文化背景人群的差异，同时也研究了在不同的气候、季节和时间条件下人们的行为特点，以及人们在各种空间环境中的行为多样性。城市公共艺术是一种可以被人们共享和接触的艺术形式，它具备了公众对艺术作品的可访问性、参与性和互动性。通过精心设计，它能够吸引公众积极、热情地参与、交流和互动，满足人们在审美心理和生理行为方面的多层次需求，从而实现情感的交流和共享，赋予空间更多的温度感和生命感。

另一方面，应充分考虑人的行为习惯、生理结构、心理状态、思维方式等因素，以“人机工学”为空间的基本尺度，通过模数化设计导入公共精神及艺术形态，创造具有亲和力与人情味的空间形象，为公众打造一个可感知、可识别、可认同的空间场所。在尺度设计上除特殊场所应避免虚张声势的尺度，弱化纪念性、对称、威仪、高大、庄严等扼杀人的冷漠感外，同时还要特别强调为残障人士、老人、儿童等特殊群体，考虑无障碍设计、通用设计，以满足他们的特殊需求，从而体现社会对生命的尊重和文明程度。同时在设计材质、结构形态、色彩时，一定要重视安全性、舒适性及亲和感。为了更好地诠释人性化的设计观念，要营造出一个能够切实保障使用人群安全、便捷、舒适、充满爱与关怀的现代生活环境。

二、城市公共艺术设计方法

设计方法是指通过系统化的思考和组织过程，以满足特定目标或解决问题。从早期的以个体行为为主的盲目性、偶发性的直觉设计到以师承为主导的经验设计，发展到系统艺术审美、现代科技手段引领下的公共艺术设计，设计方法的内涵也在不断地丰富与延伸，形成了完善可行的设计体系。公共艺术设计作为一种创造性工作，永远没有一种恒定的方法，除遵循规律原则实现整体的计划目标外，对于不同的设计方向与定位也存在不同的设计思维与方法。

（一）从场地需求出发的方法

从场地需求出发确立公共艺术形态生成是设计师惯常采用的手段，首先通过实地调查获取一手资料与地理信息，归纳为自然与人文两大类，前者包括地形、地质、植被、水体、建筑等环境因素，这些因素一方面为设计带来局限与制约，另一方面恰恰成为构思来源并为设计提供了初始的依据，任何设计都是尊重现有环境条件顺势而为的。从人文角度的需求来看，不同的人群具有不同的诉求，因此设计须针对场地及周边人群加以分析，包括在物质上的实用功能，精神上的感知需求，以满足主体人群的利益为目的。如艺术家克劳德在佛罗里达比斯开湾设计的大地艺术，以天地为展厅，以天然泥石为材质，以人工之力筑起造化般的奇景，与周边的自然环境融为一体，宛若天成。

（二）从艺术形态出发的方法

除了从具体的场地环境着手进行公共艺术设计，非理性因素或创造性直觉无疑是一种艺术的多元思维，它为设计提供了一种无限可能，诱发艺术形式创造的因素大到宇宙观，小到一叶一沙尘，可以是可视的物相，也可能是无形的思想。各艺术门类建筑、雕塑、绘画、音乐等，在观念、风格、手法等方面也会带给设计师多种启发与借鉴，并为公共艺术设计所运用。在设计中艺术思维的灵感也可能直接从大自然中获取，或从生态理念中提取。相关设计形式语言，已成为设计艺术思维的源泉。在具体的公共艺术设计中具体的方法大致有以下六种。

①移位挪用，将原先属于某一特定文化领域的日常用品、工具和局部结构等元素，直接迁移到公共场所进行展示。

②异质同构，将各种不同的材料、结构、功能和颜色在设计过程中融合，从而重新解读和诠释。

③解构重组，是指将相关的设计元素分解并重新构建，并特别强调艺术形式和语言的处理，使其产生神秘、变化、模糊的视觉效果。

④意象移情，该手法是一种深受中国人文传统影响的艺术手法，它与中国画在观念或物象的写意表达方面有着相似之处，旨在实现精神与视觉的高度融合，同时也是现代艺术设计中的一个关键工具。

⑤变异装置，将具有特定文化背景的实物元素通过新的材料进行变异、放大、改造或重组，通过“场地＋材料＋情感”的综合展示方式，在公共空间中创造出新的文化含义和视觉张力。

⑥虚实强弱，是设计之内外蕴含的余味，注重隐有形、呈无形，出有限、入无限，造超拔之“无埔”，以虚的形态表达实的内容。虚构是艺术的成因，更是生活内在的真实，是艺术设计的至高境界。

一名公共艺术设计师在充分掌握运用不同艺术设计手法的同时，还要对设计主观因素保持足够的尊重，以开放包容的态度运用灵感、偶发性、审美趣味、个性化、文化传统等多种形式生成因素，无疑是行之有效的设计取向。

（三）从主题精神出发的方法

把主题精神作为公共艺术设计的起点与追求，可避免空洞乏味的形式意趣，让作品形式更好地满足精神主题。在主题性场所中，主题精神怎样才能与形式、风格、功能等诸多复杂因素相互适应，让场所独有的精神价值、本质特征更明确地呈现出来。从主题精神出发的方法应充分研读地域文化，亲身体验场地，通过特定文化元素抽取符号系统，转换成与需求相适应的空间形式，而各种构成要素最终围绕主题展开。对于公共艺术设计来讲，主题是场所精神的彰显，用独到的形式唤起人们行为的介入，提升空间意义，并最终融入场地，归属于场地。例如，美国总统山雕像依山就势雕刻出的总统巨型半身塑像已成为该地区的精神象征，是美国民主文化的标志；泰晤士河雕塑《涨潮》反映了全球暖化、海平面上升的严峻形势，表达了人们对其的反思。

第二章　当代城市公共艺术设计的研究价值

第一节　当代城市公共艺术设计的国际环境

公共艺术的形态变迁和其内涵的发展，都与时代进步和人们的需求紧密相连。随着时间的推移，20 世纪 80 年代以后，由于国际城市在经济、信息和文化旅游方面的交流越来越频繁，公共艺术在全球范围内也步入了一个全新的发展阶段。在这一时期，除了美国和欧洲的国家如德国、法国、意大利、西班牙等在公共艺术领域曾经繁荣的国家外，亚洲的国家如日本、韩国、新加坡和我国也都经历了不同层次的艺术发展。虽然这些国家和地区在公共艺术的发展程度和模式上存在差异，但它们确实为公共艺术创造了一个主导的“语言背景”。这一背景下产生了一系列影响深远的现象，如公共艺术的空间形态、创作理念、活动方式等均呈现出一种多元化趋势。这样的语境主要表现在两个核心方面：一是公共艺术与外界社会的认同和需求之间关系的持续调整，二是公共艺术观念的进一步拓展和重新定位。

一、视觉感受和城市环境开发的完美结合

现代公共艺术应被纳入城市市政建设和社区环境改善的宏观和中观层面的整体规划中。设计师和使用者已经明白，公共艺术的理想存在状态不仅仅是作为纯粹的精神和艺术表达，也不仅仅是为了满足纯粹的视觉观赏需求。他们更希望公共艺术能够增强公共环境的“场景感”“亲和感”“地方感”或“历史感”，并在这些方面发挥视觉信息传递的作用，从而更好地服务于市民和旅游者的日常生活。

如在德国敏斯特举行的“雕塑 1998”公共艺术展便典型地体现了艺术作品与展示场域空间的有机联系与对话。又如，为了促成地铁乘客对路经站区的环境意识和历史感，法国在巴士底地铁站台上布置了公众熟知的巴士底监狱所在地、举世闻名的 18 世纪法国大革命等为题材的历史壁画，作为公共艺术的表现内容。

二、经由市民公众参与的社会过程

在全球范围内，现代公共艺术的执行不仅仅是由政府、文化领袖或专业艺术家单独决定和完成的，它更是作为一种有效的手段，激发市民参与到自己的生活环境建设

和社会公共生活中，并作为一种自我教育工具，使市民关注自己的文化生活品质和人格修养。公共艺术在人居环境中的介入不只是为了创造一个令人心旷神怡的环境，更为关键的是，它希望让市民对他们所生活的环境形态和内涵产生更深的认同和喜爱。因此，意识到公众的积极参与是决定公共艺术建设成功与否的核心因素之一。这一点在成功执行公共艺术建设的城市，如美国的费城和达拉斯等地的实践中得到了明显的展现。在达拉斯地铁系统的车站环境设计中，业主强调建筑师在设计过程中必须考虑到公共艺术品的布局。在作品的景点选择、艺术作品的形式和内涵等方面，业主更倾向于通过公众参与来进行设计。

三、当代公共艺术内涵的市民倾向

当代公共艺术更多地与公众紧密相连，主要围绕社会、自然、生命、人性和生态等持久的主题，并占据了主导地位。这与西方自 20 世纪 80 年代以来（乃至之前），有关公民社会（civil society，亦即市民社会）理论的研究和广为流行有着直接的关系。

从国际上发达国家为主要参照背景的文化语意来看，公共艺术的主流指向，是艺术的服务对象，既不是延续文艺复兴以前对宗教（或东方式的神秘祭祀仪式所需的）神灵的膜拜，也不是延续 20 世纪上半叶以现代主义的精英艺术为主流，张扬某些艺术精英的极端个性及远离大众的不间断的艺术革新，而是把公共艺术的社会基础和价值定位，预设在面向市民大众的民主参与、城市及社区人文与生态环境的改良、谋求社会多元文化体系及多样的美学观念的共生与共存，出现了艺术为社会公众文化与福利事业服务的公共艺术的新语意，从而实现了当代公共艺术内在语意的深度转换。

第二节　当代城市公共艺术设计的关联性

公共艺术的文化联系可以理解为其生存和发展与外部文化要素之间的相互联系和交互作用。我们需要深入了解公共艺术在社会历史的纵向发展和横向文化关系的复杂性中所处的地位，以及在不同历史阶段的文化特质和价值取向。正因为公共艺术与外部社会之间持续的连接和相互作用，它的艺术外观和文化深度才得以形成。相较于其相对独立的个人艺术属性，它更明显地展示了与外部社会因素之间的紧密联系。事实上，只有当艺术的表现形式（从外部到内部、从媒体到传播路径等）与其所处时代的社会公共生活紧密相连时，它才有可能产生深远的影响。

一、与精英文化的关联

公共艺术并不是简单地与“大众文化”或“大众艺术”这两个概念混为一谈。现代国际公共艺术的发展历程和实践经验都揭示了其内在的复杂性、多样性和交织性。这意味着公共艺术的整体形态并不是完全依赖于某一特定社会阶层或利益集团的文化需求，而是与社会的各个阶层和大部分人紧密相连和互动。其中，公共艺术与精英文化之间的联系始终是不可或缺的。了解这个观点对于明确公共艺术的文化成分和整体艺术精神是非常重要的，以避免对公共艺术的性质和实践产生狭隘的理解和误导。

首先，我们要明确“精英”和“精英文化”的定义。在现代社会中，“精英”通常指的是那些在多个社会领域内具有深刻洞见、能够引领特定领域的发展和变革，或者是掌握了社会发展关键思想、信息和技术，并且具有强烈的自主创新意识的杰出个体或人群。与“大众”这一概念相比，它在数量上始终是少数。由于社会、经济、政治、文化和技术方面的激烈竞争，以及资源分配的不均衡和差异，精英阶层在不同领域的知识、信息和权力等资源上具有独特的优势地位。

就精英艺术的特征而言，主要有以下三个显著的方面。

（一）精英文化对社会整体文化精神层面的深刻反思和创造性的变革

这一特征往往体现在对不同时期文化的价值观念和美学标准的态度及变革主张等。比如，作为古典雕塑与现代雕塑分界标志的罗丹（Auguste Rodin，1840—1917），在艺术观念和艺术审美的创造上便促就了“一个旧时代的终结和一个新世纪的开始”。罗丹当时不仅仅把文化艺术的关注点和趣味投向古代希腊、欧洲中世纪、文艺复兴、18 世纪古典主义运动和东方印度等方面的雕塑成就，更以独到的眼光先期吸收了印象主义的绘画原则及对光影的主动应用，将古典主义雕塑的造型手法与感性的和内在心理体验式的造型加以融合。这使得他在坚实的古典艺术修养的基础上，建立起超越现实主义及机械自然主义并具有深刻理想内涵的浪漫艺术，并为后者（如布德尔，Emile Antoine Bourdelle，1861—1929；马约尔，Aristide Maillol，1861—1944）开启了通往现代雕塑艺术的先河。作为经历过法国 19 世纪后半叶的民主知识分子、艺术精英的罗丹，应该说是亲临了法国和欧洲 19 世纪 40 年代末到 70 年代初普遍的“民主与人民结社运动”和 19 世纪 70 年代初至 20 世纪初期的无产阶级革命运动等社会变革浪潮。虽然罗丹没有投身于社会公共领域的政治风云，并“陷入苦闷、失望、彷徨的境地”，但他对当时学院派古典主义艺术的僵死的教条和欠缺真情实感与生命力的传统艺术法则表示了深切的反感，声称：“除了来自自然的法则，我不遵循任何人的法则，我一直在观察自然，并且在充分体验到它的丰满、它的和谐、它的生命的时候抓住它！”在艺术造型上强调观察方法与情感修养的并重：“要观察它的深度感，而不是外轮廓线，深度感决定了外形。最主要的是你必须被感动，去爱、去希望、去战栗、去生存，在作为一个艺术家之前，必须先作为一个人！”仅此，让人们感知到了自欧洲文艺复兴以来深刻的人文主义文化的传统精神与理想，也即主张发扬那些纯粹属于人和人性的品质，充分调动、塑造人的鲜活个性。罗丹在对待艺术传统和创造上的态度是明确的："在菲狄亚斯和米开朗琪罗的面前，你们要躬身致敬，崇仰前者神明的静穆和后者的狂放……可是要小心，不要模仿你们的前辈。尊重传统，把传统所包含的永远富有生命力的东西区别出来……躲开陈旧的因袭。"他对学院派艺术教育顽固守旧和因袭做作的背弃和对艺术审美形式的开拓均可见诸他的《青铜时代》、为巴黎艺术博物馆装饰所作的《地狱之门》和为加莱市政厅所作的《加莱义民》等公共艺术性质的雕塑和许多架上雕塑作品。作为艺术精英的罗丹，同时也是杰出的艺术教育家，他反对学生一味模仿教师，力主启迪学生走独立的创作之路，也正因如此，后来他的学生布德尔、马约尔、德斯比奥和布朗库西等，都在自己走向现代艺术的探索中，呈现了完全个性化的艺术风貌和审美样式。这便是"精英"及"精英艺术"所产生的效应。

实际上，对于艺术精英的创作，并非在一开始就能为其同时代的人所肯定和接受。如毕氏的壁画《格尔尼卡》在巴黎博览会的西班牙展览馆展出的前后，无论对他的政治内容还是艺术形式，社会上都产生了激烈的争论。公众的反应是很纷杂的，即由于意识形态和艺术审美观念的差异而褒贬不一。

（二）精英文化对大众社会的"启蒙"与教育

启蒙（enlighten）的要义是启迪、教导或开导人，使之摆脱蒙昧、谬误而走向新生，意味着"以光芒把事物照亮"。概略地说，人类艺术远古为"万物有灵"思想的感召而主要服务于人对"超自然力量"（泛化的神）的祈祷和"沟通"。在西方，其古典时期的艺术主要服务于对（单独化了的）"神"性的虔拜和崇仰；在中世纪政教合一的封建王权时代，主要服务于对宗教经典的说教和对王政统治的"歌功颂德"；在资产阶级大革命之前，则主要服务于贵族社会奢华服饰的装点与炫耀。然而，在18世纪的欧洲由知识分子中的文化精英发动的启蒙运动，高扬"理性"大旗，对以往封建专制制度和宗教神学权威及其文化观念进行了无情的揭露和批判。以"自然权利""自然法""社会契约"等新观念对抗君权神授的封建意识。一如"百科全书"派所为，指出宇宙生成只受自然法则的支配，上帝并不存在。决意以理性去开启被宗教长期奴役的蒙昧中的广大民众，使他们从暴君和祭司的恐怖与羁轭中解放出来，以理性之光去驱除中世纪的黑暗。也正是由于这样宏大而深刻的启蒙运动，才为近代法国乃至整个欧洲的大革命作了重要的思想上的准备。也正是在18世纪末期到19世纪中晚期的法国资产阶级革命过程中，艺术的"公共性"从为封建教会和封建王权服务而转向了为社会变革与进步事业服务，以至于出现了诸如（新古典主义艺术）雅克·路易、大卫（Jacques Louis David）和后来的（浪漫主义艺术）戈雅、德拉克洛瓦等艺术精英所创作的充满新时代理性精神和启蒙意义的艺术作品，从而对法国、西班牙乃至整个欧洲和世界艺术史都产生了广泛而深远的影响。

（三）精英文化具有明显自律性

精英艺术在扬弃、批判和反抗传统艺术中不符合理性精神的价值体系和有碍于形式语言创造与探索的清规戒律的同时，极力凸显出其本体的独立性与自在性。这方面，它“同高雅文化一样，它们都致力于对一种纯粹的精神价值的维护和追求”，且“从不消融自己而成为非艺术力量（政治、经济、习俗等）的婢女和玩偶”。也即精英艺术的特性体现为能在延续和创造自身价值标准体系的过程中，自觉抗拒和超越来自一切“艺术之外的因素”的压力与干扰，尽管在不同的时代，尤其是在中国当代物质利益、工具理性胜于一切的时期，常落得“曲高和寡”“不入时流”而在所不辞，且拒不屈服，这强烈显示出它的自觉性和自律性特点。

然而，公共艺术的传播空间决定了它的社会共融性及其受众文化层面的多样性、广泛性。由精英艺术参与的公共艺术若想要产生普遍的社会影响，就必须注重自身的存在与大众社会沟通的方式，注意艺术创作的话题和形式语言在一定程度上的通俗性及亲和性。因而，为避免精英艺术与大众化艺术的绝对对立，可从以下三个主要方面着手自检。

（1）避免自我封闭的“自恋”和孤芳自傲、唯我独尊的玩世、玩艺术的态度，而应超越纯个人情感的小情趣，以真诚的社会责任心和严肃的艺术态度去参与社会文化的改造与提升，而绝非极端个人化的自我表现。

（2）把艺术的“普及”与“提高”结合起来，以利于通俗性与探索性相融合，即既不哗众取宠而放弃高水准又有思想深度的艺术创造，也不作天马行空般的独来独往。

（3）善于把特定的社会需求、一般公众的鉴赏能力与艺术家自身的创作愿望相结合，把思想性与商业化运作相兼容。

只有做到以上三个方面，才能使精英艺术在公共艺术领域具有较广泛的生存空间和发展前景，否则，它在公共艺术领域良性发展的现实性和可操作性将面临严峻的挑战。

二、与大众文化的关联

公共艺术广泛的社会性和开放性，决定了它与大众及大众文化的密切关系，对它们之间关系的明晰与研究，是公共艺术存在方式与发展进程中所不可回避的重要方面。

在艺术美学和文化观念上呈现多元时代的公共艺术，如何回应一般大众的艺术需求，走出可与大众文化相互渗透、对话的中国公共艺术之路，这是精英艺术和整体社会的“基础文化”欲在公共艺术领域发挥现实而积极作用时，尤须关注的课题之一。否则，我国的公共艺术将难以在现实条件下（主要指物质、教育及个人综合素养等方面），与尽可能占大多数的社会成员达到具有高亲和力、高认同感的互动效应。也就难以使公共艺术的建设，真正造福于我们这个处在“初级阶段”的发展中国家的芸芸大众。扼要地说，在高雅与通俗、严肃与娱乐、启蒙与对话、前卫与普及等之间，仍须注意处理好“大众化”与“精品化”之间的辩证关系。

另外，还须提及一点，民间文化艺术并不从属于大众文化这一具有现代特定含义的范畴。因为它在各国工业革命以前早已存在，并根植于本民族文化的深厚传统之中，与民间习俗和信仰等共同构成了各民族的区域文化特性。民间艺术相对于大众艺术来说，具有其鲜明独特的文化个性、历史传承性和非专业性，而大众艺术则显示出它的现代性、专业技术性乃至跨国界等特性。因此，公共艺术在关注大众文化的同时，仍需注重对本土传统意义上的民间艺术予以足够的尊重和研究，以便从中汲取不可多得的文化养分和朴素、独到的艺术精神，呈现出既有时代性又有地域性的审美样式。

应该说在当代艺术的创造中，评价艺术水准高低的区分标准，不应该也不可能以所谓雅文化与俗文化、古典文化与现代流行文化、抽象艺术与具象艺术、艺术的保守或前卫、国际化或民族化等为依据，因为艺术的本质从来就是不同生活和情感的体验与需要，是人生命精神的自由、自在地流露和创造。因此，现代许多优秀的艺术创作理应跨越传统意义上精英文化与大众文化概念的区隔，超越雅与俗的简单分野，在多元、多视角的文化领域之间，开辟出属于每个时代的艺术创造之路。

第三节　当代城市公共艺术设计的文化阐释

公共艺术作为现代文化艺术的一种表现形式和其独特的分类特点，与城市的形态和当代城市文化有着紧密的联系。公共艺术的崛起与时代需求紧密相连，特别是在20世纪中叶以后，全球的现代化和城市化进程表现得尤其突出。这与城市物质和文化的迅速进步，以及城市中产阶级的急剧增长与其需求有着直接的联系。因此，公共艺术的存在和功能是现代城市职能的一个重要组成部分，在特定的城市形态和环境中，它必须承担其自身的文化职责，它的兴衰和荣誉始终与其所处的城市社会的进步和发展紧密相连。

一、城市精神与气质的标识

提及较高层次的人类文明，总是与城市形态的出现分不开的。在公元前3000年前后，在古埃及和美索不达米亚已出现了早期的城市。虽然城市起源的假说不一，但归结的起因主要有三个方面：①安全和军事防御；②商业交换的需要；③社会分工与非农业生产集中化的需要。城市形态是与自然化的农村相对而存在的。

当代公共艺术的繁荣恰恰是那些社会经济和文化发展较有实力，并较早实施产业结构和城市职能转换的大中型城市。因此，当代公共艺术的发展与具体城市的类型定位和整体规划水平密切相关。

如我国特大城市——上海市，在20世纪末又迎来了它第二次发展的高潮。上海经济的发展，直接带动了城市多种空间机能的调整。这种调整的基本动因，首先来自该城市对产业结构、生产力布局结构、劳动力结构、企业组织结构和所有制结构等几大方面的调整。这些起步于80年代中后期的产业结构调整和新兴产业（如信息工程、现代生物与医药、新型材料等高新技术产业）的构建，是为了取代旧有的传统产业，赢得上海在国内和国际现代化产业体系中的竞争力和部分的主导地位。实质上，上海的产业结构等方面的整体性调整是与上海城市形貌、空间结构的重大转变紧密结合、同步进行的，城市功能也从以往单一的生产功能转换为社会综合服务功能，并优先发展城市基础设施、第三产业和高新技术产业。按照中央商务区（CBD）、中央商业区、城市分中心等空间结构规划重新布局，除了没有污染的“都市型工业”以外，其他加工工业逐步拔点迁移，并集中力量在郊区重新建立一系列各具特色和优势的生态化园林工业区。在以期达到资本和效率的合理配置、利用的同时，进而达到城市基础设施、社会公益事业、城市空间生态环境及人文环境的改善和优化。也正是由于城市及其空间机能的调整和转换，才可能使上海的人民广场（另有许多城市分中心及社区广场）、外滩的黄浦公园、浦东沿江的明珠公园、“东方绿舟”青少年活动基地和浦东世纪大道及世纪公园等大量公共空间中呈现出诸多的公共雕塑、壁画、喷泉、灯饰、园艺及路面艺术装饰，以及大量具有审美价值的公共设施的艺术设计。它们在彰显都市的气质、形象和精神风貌的同时，点画出更为人性化、更具亲和力的城市公共场景。正如市民在上海浦东世纪大道上观赏巨型景观雕塑《东方之光—日晷》《世纪辰光》等作品时，自然而然地认同当代上海人为建设家园而奋发图强、图新的主人翁精神，以及中华民族传统文化理念与现代科技成就相结合的艺术创意。同样，深圳市奋力拓荒的《孺子牛》城雕诉说着这座新兴的现代城市从无到有、艰辛创业的开拓精神和峥嵘历程。它们将与不同历史时期、不同题材的公共艺术作品共同成为该城市精神及文脉的见证和象征性标识。

城市生活的价值和意义，并非局限于来自历史惯性所形成的城市结构所能显现的机械性功能，而在于它作为一个富于生命的有机体。正如刘易斯·芒福德所言：“在城市的各种活动中，我们必须将以下两个方面加以区别：一个是一般的人类功能，它是普遍存在的，只是有时被城市的构造强化和丰富了；另一个是城市的特有功能，它只存在于城市之中，包括城市的历史渊源及其独特的复合结构等。

公共艺术产生的基础和根本原因，恰是城市在社会综合因素的合力作用下所出现的，超越了城市的基本职能，成为城市人群的精神家园。

二、“容器”中的演练与育成

高度集中的人口、物质、信息和多元文化生态无疑构成了现代城市化进程的核心特征。尽管如此，在这种高度集中的城市环境中，许多人由于工作职责、社交活动、家庭构成、居住地和社区环境的限制，大多数时间都是在与职业相关的工作、个人社交、家庭琐事、有限的社区互动或偶尔的社区活动中度过的。市民的主要生活形态是明显处于分散的、个人化的乃至个体心理封闭化的状态。这与城市初始的生成动因和当代市民素养及人格培育的要求是不相符的。尽管不断发展的大众媒介体系为公众的信息交流提供了极大的便利，但相对于公开的、面对面的（非虚拟的）、公共性社会交流形式而言，它们则更多地呈现出个体化的、私域的、间接的和交往空间的虚拟化特征，而这种交往一方面不可能在外部形式上完全替代自然的或传统的社会公共交往，另一方面它不可能满足人们在现实生活中超越私域的人际直面交往。

事实上，也正是由于城市为私人大量提供了共享性的人际直面交往机会，使得城市生活在高度集中中产生了巨大的积极意义和相互激励的作用，从而使市民的生活、知识和情感世界超越了乡村社会的相对分散、私域性（家族化、家庭化）、封闭性及公共交往的非便利性，创造出了多姿多彩、活力四射的现代城市生活形态。当代公共艺术恰是具有活力和欢愉的城市公共交往空间的营造者。

如果我们将城市社会的集聚形态形容为“容器”或“磁石”，那么，能够在这样的“容器”中激发人们的思维、文化传承、兴趣以及多种多样的创意和包容性，并使其在“磁石”中得到活化和展现，如城市广场、街道、公园和社区中心等。

（一）广场公共艺术：缔造市民文化的舞台

国际著名地理学家陈正祥教授曾指出：“中国城市主要是行政和文化的象征，城和乡基本上没有多大区别，并未因城墙的存在而分割。”并且，中国从古代到近代的许多城市中，依然保留着数量不等的农田、园圃、山林景观。城市与乡村社会仍然有着千丝万缕的经济、政治、资源和亲情的天然联系。在城市的权力象征形态上，据周礼《考工记》所载：“匠人营国，方九里，旁三门，国中九经九纬，经涂九轨，左祖右社，面朝后市，市朝一夫。”它从一个方面典型地体现了中国古代封建城市的规划思想和久远的历史影响。

我国城市的发展，从总体上看“受政治的影响最大，军事防御次之，商业和交通等的需要，都只是陪衬的”。我国的城市发端，可上溯到距今约3500年的商代中期（即被发掘出的河南商城遗址），并有许多从汉唐时代以来逐渐形成的诸如西安、洛阳、开封、北京、南京和杭州等著名的古城延留至今。然而，它们与欧洲中古时期的城市特点和结构有着明显的差别。中世纪的欧洲虽呈现出王权的纷争，但却有着强大而统一性质的神权。其城堡多以教堂为城的核心，而教堂的广场便是市民进行宗教、政治、商业等其他世俗性公共文化活动的中心场域。广场周边经常被市政设施、市场、商店和工坊环绕，而城市中的主要交通路线大多以教堂广场为核心，呈放射状延伸至城区，逐渐成为城市公共生活的聚散地。无论是中世纪还是文艺复兴的广场建筑风格，都表现出了广泛的适用性。

20 世纪中叶之后，全球众多国家的广场艺术都展现出了更为丰富的多样性、公共性、整体性和娱乐性的设计特点。

1. 广场艺术的多样性

现代城市广场艺术在主题和内容上，都更加注重展示符合市民社会文化生活需求的广场艺术主题和内涵，它们往往依据不同地区和民族文化，以及城市自然形貌或文化历史特点，创造出适合市民公共活动、文化娱乐、历史教育、艺术欣赏、休闲聚谈、健身及购物氛围的广场艺术形态。它们可能是主题性的艺术表现，也可能是地域文化历史的视觉化象征、体现人与宇宙自然的关系、社会风俗或市井生活的追怀、现代艺术形式（包括材质与样式）及观念的实验性展示，又或是结合环境景观或视觉，将对社会起到教育或警示作用的元素，渗透到广场整体规划设计的诸多细节及硬质景观的构筑之中。

广场艺术的多样性，伴随着现代城市广场本身的多样性（如纪念性广场、城市中心广场、博物馆广场、儿童娱乐性广场、滨海假日广场、园林广场、剧院广场、商业游乐性广场及其他景观性广场等），而呈现出以下主要倾向：①与地域及世界文化历史的对话。它是广场艺术中现代人超越一般动物性和经济性生存经验的自觉人文行为。②与自然的亲近和交融。它是广场艺术面对城市人与大自然分离、疏远之后的反思与补偿。③诗意化表现的自觉。它是广场艺术体现现代文明人类追求至美至善精神家园的创造性情感追求。④外在形式和内涵的多元化。它是广场艺术顺应和尊重自然与文化生态的多样性、异质化的睿智之举。⑤与城市景观设计相整合。它是现代广场艺术与城市空间结构规划，与建筑群、园林绿化艺术、道路装饰等因素相结合，进行综合设计的科学要求。

2. 广场艺术的公共性

由于城市广场是城市空间结构及交通布局中的重要“节点”所在，又是现代城市居民和游客重要的公共活动场地，因此，设立于广场之中的艺术品理应具有显著的公共（公众）特性。广场艺术公共性的体现主要有两个方面。

①作品的精神内涵及其价值观念的取向须与当代市民公众取得沟通与认同，这是

公共艺术之“公共”目的使然。

②从艺术作品的引入到作品的管理流程，其中涵盖了作品基地的挑选、作品的评审、提议方案的权利，以及作品的解读和管理职责的明确等多个方面的公众参与。只有通过这种方式，我们才能有效地提倡和适应从物质性的公共艺术建设出发，以促进市民在本体意识、民主意识和社会公共意识方面的提升。

3. 广场艺术的整体性

广场的公共艺术设计和布局，无论是基于其独特的类型和功能，还是为了确保广场与周围的建筑、街道和绿化等多种景观元素具有持久的效果和视觉上的活力，都需要与其周围环境的各种元素（如空间美学、功能性、人文价值和构建性景观等）形成一个整体的和谐关系。这一点已经明确地体现在中外新建的现代城市广场上。

以上几点当下已成为广场公共艺术发展的大趋势。这在 20 世纪 90 年代后国内不断涌现的诸多类似“市民广场”“文化广场”“花园广场”“喷泉广场”等地方性文化娱乐广场的性质与设计形态中已初见端倪。

在国外的广场文化历史中，包括现当代中国，广场公共艺术与城市中的其他公共文化媒介共同构成了“城市所拥有的智性机器”（奥斯瓦尔德・斯宾格勒语）的核心组成部分。在城市广场的公共文化艺术中，我们可以看到城市生活中展现的各种智慧、热情、合作、希望、努力、变迁和成功。这些都在广场的公共艺术精神中得到了深刻的诠释，展现了它们的核心价值和美好愿景。因此，广场的功能不再仅仅局限于满足大众的基本需求，更多地被赋予了社会、经济及政治等多重意义。因此，几乎所有的重要公共建筑、景观和设施都被巧妙地布置在广场的四周。广场上的公共艺术被视为“城市附加价值的象征”。所有这些杰出的公共艺术作品都与人们内心深处的情感紧密相连。同样地，这些宏伟的广场也与人们的梦想和情感紧密相连。正因如此，成熟而伟大的广场公共艺术，蕴含和凝结了城市公众的审美经验，以及鲜活生动的城市人格，成为当代城市公共艺术的集中体现。因此，广场公共艺术的价值判断及其理想形态，正是我国当代城市公共艺术领域应该予以关注的课题之一。

（二）街道公共艺术：纽带上的世情展示

如果城市广场被视为城市中最有凝聚力的焦点，那么城市街道则可以看作连接城市各种活动的线性带状结构。在城市生活中，街道是人与环境交流的通道，是市民休闲娱乐的场所。它被视为公共艺术中的关键物质空间载体之一。作为一种特殊的视觉符号系统，在现代社会中，街道成了城市生活的一部分。当从人文和社会学的视角观察城市街道时，人们已经深深地感受到了它所蕴含的情感和戏剧的美学价值。安东尼・凡尔德在其《街道的场景：在理想和现实中的改变》一书中曾指出，西方历史文化中街道场景所具有的几种性格类型“是由文艺复兴时代的环境典型所构成，无论都市或乡村生活的戏码都在这些公共领域中演出。在悲剧性街道，上演的是隆重公开的仪式性戏码。喧闹的商人或一般市民生活，则发生在喜剧性住宅街道，至于田园景象及乡村活动，则发生在森林步径”。一方面，街道作为城市结构中的物质组成部分，在实际应用中扮演了连接各类建筑、广场和社区空间的角色，它已经变成了城市中人、车、货物市场的主要流通通道；另一方面，街道已经变成了城市信息分享、文化传递、旅游观赏、庆祝活动、休闲停留、娱乐表演、与朋友交流等多种公共活动的主要开放场所，尽管一些宁静的住宅区街道可能具有更多的私密性或半公共性，但在那些拥有丰富历史和文化遗产的城市中，街道常常成为展现人们喜怒哀乐的自然舞台，被誉为城市社会历史的“活化石”，并因其独特的“城市容器”特质和性质，成为人们和谐共处的通道。“在中世纪的城市里，上层阶级和下层阶级，大家无论是在街道上，还是在市场上，都挤在一起，正如他们在教堂里那样”，这正是街市的开放性、交融性、商业性和流动性等因素促就的。

在公元 13 世纪前后的中国宋代，由于封闭式的坊市制的彻底崩溃，开放型的城市形态新格局的渐成，城市成为扩大化了的市（场），使商店、作坊、游乐空间和住宅区混合的新型街道得以较多地出现。“到南宋时期，开放型的新城市格局已在全国范围内确立，这标志着中国城市格局从封闭性古典型向开放性近代型转化。”犹如我们在描写宋代社会市井场景的名作《清明上河图》中看到的街景：商铺、酒楼、彩牌坊、各式招牌擦肩接踵，各种买卖、运输和人际交往，呈现出一派生机勃勃的城市街区景观。正是在这类开放的、自由的、平等而又充满着各种交换、交流欲望的公共性街道上，才可能造就公共艺术的物质与社会文化基础。如果说城市林立的建筑物是相对静止的话，那么，城市街道就是使之连贯而具流动性的诗篇，而街道公共艺术便是这诗化了的纽带上的感人情结。

进入 20 世纪以后，特别是在各大城市的主要街道上，由于现代交通工具的快速和多样化发展，例如汽车和电车已经取代了地面上的两轮和四轮马车，这体现了人们在时空和速度征服方面的科技进步。这些现代化车辆使人们可以像坐火车那样方便地进出各个街区，并能以最快速度行驶到目的地。与过去相比，街道在宽度、长度和平整度上都有了显著的提升。大城市的道路两侧，高楼鳞次栉比，令人目不暇接。

人口和各种车辆的激增，使得立交桥、高架路、地下通道、地铁、轻轨的纵横交错，城市街道的各种尺度、运行节奏及其空间形态都空前地发生了变化。然而，在我国的许多大城市，由于城市人口、经济等需求因素而急速发展起来的现代街道系统，似乎来不及，或根本没有主动面对城市街道的整体景观、环境生态和街区文化形态的综合关系，自然就更加难以考虑到公共艺术赖以生存的空间特性及理想氛围。此间，最显著的问题莫过于大量飞驰的汽车占据了城市的大街小巷，而专为车辆运行的各种交通干道、高架立交道路和桥梁占据了市民休闲、娱乐活动的大量宝贵空间。各种禁止性路标、隔离护栏、隔音墙板和空中过街桥等设施，使得城市街区的视觉空间繁杂异常，现代工具和交通速度也同时给市民带来不少的烦恼和困惑。川流不息的车流和人流，使城市街道彻底失去了往日的安然宁静与恬美。在街道成为城市生活的分割物，而不是纽带和交流空间的状态下，市民大众就必然“丧失了城市里丰富多彩的生活选择的自由，丧失了在熙熙攘攘的人流中漫步、发呆、看人、被人看的自由，丧失了其他社区的居民随机地就近交流的自由。日子一天天过去，这种剥夺带来的心理隐患日益昭彰”。我国城市的街道公共艺术的存在空间、应有价值、实施和推广方式等问题，必然要做出相应的思考和对策，而不应该脱离人性化的街道整改和市民需求的纯粹艺术陈设。

公共艺术在城市空间整体的规划和配置中，必然处于从属地位，它与城市中诸多的公共建筑、公共设施、公共绿地和道路系统的建设相比，在数量上和空间的占有上则是极为有限的，但其场域的选择和作品本身的艺术水准却应与城市文化定位相契合，因为公共艺术在城市形象、文化视觉方面，不仅是画龙点睛或锦上添花之举，而且是城市文化底蕴的象征。

自 20 世纪 90 年代开始，我国的众多城市就已经加强了商业和观光步行街的建设，同时也增加了具有公共艺术特色的文化景观的开发。这些充满公共艺术特色的街道，不仅为人们提供了休闲娱乐和购物的场所，也是一个城市形象展示与传播的窗口。例如，北京王府井大街、上海南京东路、南京狮子桥步行街等。这些都是以城市为背景的城市公共空间，通过它们可以看到一个地区经济发展、社会进步、人文氛围等方面的信息。同时，公共艺术还体现在一些城市细节的建设上，比如，优秀的工业设计美学介入后的过街天桥、路灯、护柱、指示牌护栏、无障碍设施等公共设施的艺术性创造，尤其是包括那些便利性公共设施的艺术设计（如候车厅、邮筒、座椅、照明器具、电话亭、书报亭、地铁出入口，以及公厕、垃圾箱等），都将为城市街道公共空间中公共审美文化和精神文明带来不可估量的社会效益。

客观上，有许多尚待发现和利用的新媒体，可以作为城市公共艺术介入的得力载体，这也是艺术家应该努力去发掘的空间领域。街道公共艺术展示的方式也是多样的，也可采用非永久性（更替式）的公共艺术展示方式，如 2001 年 5 月中旬在王府井商业步行街举办的旨在弘扬全民体育精神的公共雕塑艺术展览，就是街道、广场公共艺术灵活展示的尝试。

三、公共艺术与社区共同成长

为了追求和实现城市社区公共艺术建设的审美文化效应和社会综合发展效应，在可资借鉴的国内外相关经验及理论的基础上，归纳出以下五个方面的前瞻性对应策略。

（一）社区公共参与策略

社区公共参与策略主要是指在公共艺术方案的创发和导入过程中，除了专业人士（如空间规划、建筑设计、园林景观等职业设计师和艺术家）之外，应该提倡社区公众的全程性参与。这种民主的、公开的公众参与，意在体现社会主体的市民价值观念及贯彻公共艺术文化的“公共性”。在公共艺术方案的发掘、审议及建设性意见中，以社区大多数人的意愿和利益为依据，并以全体社区居民的平等、自主为前提，激发社区居民对公共事业的兴趣和热情。事实上，无论是出于有利于整体社会的自律化、民主化发展目的，还是为了充分调动社会各方的自主创造性，社区公共参与都必将影响到政府的最终决策。

（二）市民风范启发策略

公共艺术及其文化在社区推广中的公共参与对策并非根本目的，而培育新型的市民风范及提升其美学心智才是深层次的目的。由于社区在城市中无论作为空间地域概念还是作为市民社会生活的组织结构单元，都与社区中的公共艺术推广和市民风范的启迪、光大有着密切的关系，必将具有优化市民生活、推动城市公共文化乃至整个国家进步的积极意义。可以说，在某种程度上，现代社会的公共艺术就像现代公共媒体，通过艺术的方式传达公共社会领域的正确价值观和审美观等。从宏观角度看，公共艺术所追求的核心目标是，在拥有社会理性和道德追求的大众中，坚守“市民认同”的原则（即在市民社会中对人的尊严和利益的相互尊重和包容），并强调所有市民应当享有的权益和责任，也就是社会的核心地位。基于市民的身份认同，市民的气质和公共艺术所蕴含的公共精神可能带有某种抽象色彩，但由于文化、地理或时代背景的不同，它们会展现出不同的特点。然而，从现代社会的经验和普遍接受的观点来看，它们的基本含义是普遍的。无论是积极参与公共事务的讨论和决策还是主动维护平等参与、民主合议等公共权益，都是非常重要的。从客观角度看，公共艺术及其文化观念所营造的社区环境，必然有助于市民风范的树立和推广，这也正是社区公共艺术及其文化所欲达到的社会效益之一。

（三）环境与公益策略

公共艺术作品落地的选择和营构，往往面临着各种可能性或受既定因素的制约。如某些公共艺术作品须与其落成的特定环境有着特定的关系，也有些作品内涵及观念取向与其设置的场域之间没有预设的关联，还有一些作品，在周边环境的事后变更或随着时间的推移而显示出作品与所在环境之间的特殊关系。然而，一般来说，公共艺术在居民较为集中的社区中的设立，无论它是作为单纯的美化环境的艺术装饰，还是作为社区历史文化及重要事件的纪念，或是作为社区特征的艺术标识物而存在，都需要注重它们的美学形态和物质形态与社区的人居环境和大多数居民的公共利益需求相适应。例如，公共艺术作品与社区出入口的视觉审美及标识引导性关系，与社区老人、残疾人活动场所的对应关系，与社区儿童游乐空间的关系，与社区影剧院及运动场地的对应关系，与社区广场和休闲娱乐活动中心的对应关系，与社区集中的绿化带及滨水景观的对应关系，以及与社区居民住宅前的步道及建筑立面装饰的对应关系等方面，皆须切实从环境的生态（包括人文生态）效益和尽可能从方便和顺应社区居民生活需求的原则行事。这样就能使公共艺术的环境功能和公益效应趋于最大化、人性化、持久化，而不是简单地为装饰而装饰，为纯粹的艺术而艺术。

只有坚持公共艺术建设与社区的自然、人文环境及公益事业的建设与维护相结合，才能产生艺术、环境和市民素质等方面共同提升的互动效应。公共艺术的创作者、推广者与社区居民一道，在创建优良的公益环境和公共文化的同时，也再造了自我，这是一个双向的互动过程。

（四）地方性资源策略

无论是为了公共艺术自身形式语言的独到性或文化内涵的差异性，还是为了与其所在社区某种内在文化的相关性和可对话性，社区内公共艺术都应该注重对各种地方性资源的研究、发现和利用。若这种策略与社区公共建筑形态和环境景观建设中对地方性资源的尊重和发掘利用相结合，将产生更为优异的文化生态效果。由于我国土地广袤，民族多样，历史悠久，是一个在自然生态和历史文化地理上非常丰富多样的国家，仅从城市类型特点看，我国以北京、南京、西安、洛阳、开封为典型的一批古都型名城，以苏州、杭州、绍兴等为代表的水乡型城市，以青岛、厦门、大连为代表的滨海景观城市，以天津、上海、武汉等为代表的外向型文化交流名城，以大理、景洪、拉萨、喀什等为代表的因地方民族特色而著称的名城，无论是在民族文化的区域特色上，还是在各自拥有的城市环境景观资源上，都具有极其丰富的文化魅力和艺术价值。

从宏观的视角看，自然生态环境育成了美不胜收的具体文化类型，如水乡泽国的河湖文化、沿江滨海区域的江海文化、崇山峻岭区域的山川文化，又有许多由不同生产方式促就的文化类别，诸如稻作文化、渔猎文化或游牧文化等。从相对微观的视角看，区域的地方性资源大致包括自然地理、地貌资源、自然物种资源、技术资源、人才资源和社会人文资源（主要指地方文化，诸如地方文物古迹、建筑、工具、器物、服饰等造物的文脉，音乐、戏剧、绘画等艺文传统，以及诸如剪纸、布艺、竹艺、灯艺、茶艺等民间工艺和丰富有益的地方文化风俗），并包括浸润其间的地方生活形态和民间优良的传统精神。这些都是我们创建社区（乃至整个城镇的）公共艺术中应该考虑的重要的地方文化资源。这将有助于社区公共艺术起到独特的视觉和文化识别的作用，也有助于增进地方社区居民对本社区（或城市）的归属感和认同感。

总之，这是公共艺术的实际需要，也是城市社区持久发展的需要。此间须强调的一点是，公共艺术对地方性资源的重视和合理利用，是建立在当代性和创造性基点之上的文化追求，但绝不是提倡简单、平庸地把地方文化中旧有的素材原型或文化符号（乃至文化中的糟粕因素）贴附在公共艺术作品上。

（五）持续发展策略

公共艺术作为实态环境元素和隐形文化观念的有机部分，它的成长必然与城市社区的可持续发展要求有着密切的关联。社区内的历史文化景观，如古老的街道、溪流和文化名胜，在社区的重建和新建过程中容易被拆解或损坏。这显然与可持续发展“在满足当代人需求的同时，不损害子孙后代为需求而求发展的能力”（1987 年，世界环境与发展组织提出）的概念不相符合。因此，从可持续发展观念来看，公共艺术在城市社区中的发展应注重其方式、方法上的合理性、有益性原则。例如，在公共艺术的选址占地上不应浪费土地或妨碍社区绿化、交通和公共活动场地的有效利用；水体性质的公共艺术作品要顾及对水资源的节能化运用；公共艺术的开发不可破坏社区中具有历史文化及审美价值的保护性建筑、有历史价值的街道景观和自然景观，使之本身成为公共艺术文化形态的重要组成部分；公共艺术开发的规模、分布及技术形态，应与社区生态资源（条件）及社区房地产等经济开发的决策相协调，尽可能朝着改善和满足社区居民平等、自由的分享公共文化艺术资源及成果的方向努力。从而体现出公共艺术的发展真正遵循以人为本，在物质和精神上维护社会可持续发展的价值取向。

斯宾格勒在表述西方 17 世纪城市化过程中城市建筑和文化环境形态急剧变化中的情形时，无限感慨：“古老、成熟的城市及其教堂、市政厅和高山墙的街道所组成的哥特式核心，及其古老的城墙、望楼和城门，它们被巴洛克式的更为辉煌、更为精致的贵族的房屋、宫殿和礼拜厅所围绕，开始以其成倍地增加的兵营式的公寓和公用建筑从各方面不成形式地大量侵入衰落中的乡村，以拆除与重建的方式破坏了旧日的高贵的一面。站在一个旧望楼上俯视那房屋的海洋，我们在这历史存在的石化现象中正好看到了那种时代，它标志有机生长的终结和无机的，因而是无限堆积过程的开端。”同时深刻而形象地指出：“一般说来，在这类房屋中，灶神、门神、家神已没有任何立足之地了，它们仅仅是一些由于需要而不是由于血统，由于商业精神而不是由于感情所形成的屋宇。”从某种特定的意义上说，历史发展的轨迹何其相似，而他山之石，可攻我玉。我们在当今来势汹涌、已成大观的城市社区转型和重建过程中，可持续发展的概念显然不仅仅限于生态环境和物质资源方面，而如何面对人类业已创造的、不可复归的历史文化景观遗产，同样是我们实现经济、文化、自然“三位一体”的可持续发展的重要课题之一。在这种复杂，甚至矛盾的状况下，社区公共艺术的发展及其观念的走向，理应值得我们深思。

综上所述，公共艺术的城市职能和形象化的文化阐释，将成为构成城市气质和文化品性的重要部分，并成为现代城市及社区文化、经济、环境水平的艺术化象征。公共艺术及其文化在城市公共空间及市民社会的公共生活领域中，不仅仅是一种纯粹美学意义上的介入或视觉的存在，更非少数艺术家及社会“小众”团体意志的随心使然。而是为在经济和科技得到长足发展的城市社区中，与那些显在和潜在的社会公益事业、文化娱乐、环境整治、生态维护、文化传承、社区精神文明与新型市民风范的养育相结合，在促进地方社区经济繁荣，以及激发民众的艺术创造心智和公共文化意识等方面起到潜移默化的持久作用。总之，公共艺术应是现代城市社会生活中物质文明和精神文明的双重使者，是继承和开创城市公共文化艺术历史和市民美好生活的真诚“伴侣”。公共艺术的这些职能和文化特质是其他学科和文化方式在现代城市文明建设中所不能替代的。

第三章　城市公共艺术设计的形态构成

材料是公共艺术的骨架，造型和结构形式是公共艺术的内容和灵魂，而色彩是赋予其生命活力的血脉，只有四者的有机结合才可能构成完美的公共艺术。在设计中无论是表现历史题材还是表现现代内容，无论是表现乡土特色还是表现科技化的都市气息，无论是以写实的手法还是写意或变形的形式，都会联系到形态构成中这四个最基本的语言要素，所以研究公共艺术的方法，需要从整体的和基本的形态构成着手。

第一节　城市公共艺术设计的造型与结构

一、公共艺术的造型

公共艺术的造型是一个非常复杂的问题，因其种类繁多，且因创作风格、意识观念、形式制作等方面的因素而有所差别，所以，我们很难用一定的带有标准性质的形式将它们规范起来。

公共艺术的造型与其他艺术形式一样，都包含了具体和抽象的两种基础形态，无论是平面化还是立体化的造型，都是不可或缺的。然而，在具体的设计过程中，它们会根据各自的需求或外部条件进行相应的调整和区分。

公共艺术与通常所称的纯艺术之间的主要差异在于它并不是孤立存在的。相反，公共艺术必须与建筑的功能和整体景观环境的需求紧密结合，并在材料和工艺制作方面给予足够的重视。如果忽视这些具体的问题，就无法真正理解公共艺术，更不用说做好这方面的设计了。

（一）具象造型

具象造型有写实与变形之分，通常我们将那种再现性的，即如实地反映客观事物现实状态的描写，称为写实，而将那种非再现性的，即在保持事物基本特征的前提下，人为地又超常规地对造型进行夸张变化的描写，称为变形。其实这两种形态也是相对而言的，正如原中央工艺美院副院长、美术及工艺美术教育家庞薰琹先生所言：“在我国装饰画上，没有不写实的变形，也没有不变形的写实。”庞先生的这句话虽有所特指，但它同样适用于公共艺术乃至其他形式的造型艺术。

关于变形，在有的专业书籍里面被称为“意象”，这也未尝不可。变形或意象是借助于写实与抽象之间的各种造型方式，它在很大程度上具有抽象的因素，但绝非抽象的造型。

1. 写实

在传统的造型艺术行为中，我国的造型写实手法与西方国家略有不同，西方国家的写实手法趋于科学，我国的写实手法仍趋于文学，故先天具有一种人文的性质，是写意的写实，其中也反映出中华民族所具有的高超智慧和人文底蕴。而我们现在所认识到的写实在观念上是受西方影响的，例如，对于光与色、光与影以及发生于空间中的结构和透视等所谓科学化的研究和重视，所以，目前反映在我国现代公共艺术中以写实手法为造型形式的作品，大多综合了这些方面的研究因素。

公共艺术中以完全写实手法为表现方式的作品多为雕塑作品，如不同材料的圆雕、浮雕（包括以壁画形式出现的浮雕和建筑构件上的浮雕等）、透雕以及中国传统建筑中的彩塑等。壁画要兼顾到建筑（墙体）本身的完整性，所以采用者相对较少（一般是在写实的基础上，采用使造型平面化、色彩变化、秩序化等方式来减弱写实感，以增强装饰感）。除非特别之需要，譬如欧洲文艺复兴时期的教堂壁画大都采用写实的造型手法，以加强宗教观念中所需要的真实感。其他方面的公共艺术则较少采用写实的手法。

2. 变形或意象

对造型进行变形或意象化的处理是装饰形式艺术的共同特点之一，同时也是公共艺术中普遍采用的一种非常重要的艺术形式和内容，是公共艺术的主要特征。庞薰琹先生在他的《中国历代装饰画研究》一书中说：“变是为了取得画面上的协调；变是为了求得更美好的艺术效果；变往往是更典型的描写，和更概括的表现；变是为了在画面上起到凸起、衬托或配合的作用；变是为了适应画面空间的限制；变是为了适应制作条件的要求；变也是求简的艺术手法。”在此基础上再补充两点，在公共艺术中，变是为了更好地适合于材料的特性及其工艺制作；变也是为了更好地适应建筑功能以及整体景观环境的要求，使之最终达到与建筑以及人文景观环境的完美。在中西造型艺术中实际存在着两条发展路线：一条是西方国家沿着所谓科学化的轨迹发展起来的路线，这条路线发展到 20 世纪初期最终导致构成体系的出现，并进一步影响了后来世界众多国家的艺术特别是设计领域的发展。另一条是建立在东方（中国）传统文化思想基础上的发展路线，这条路线随着西方国家经济等方面的高速发展和造型艺术构成体系的出现而受到影响，在我国现代公共艺术中，对于变形的认识和运用，大多是综合了西方国家的所谓构成体系与其他西方现代艺术思维理念，这与我国传统的以装饰纹样为基础的公共艺术有所不同。所以，学习公共艺术，我们必须首先要了解其发展脉络，熟知发生在不同时期不同国度的不同的表现方法，以备今日之利用。若想深入了解我国传统公共艺术之精华，并且古为今用，还是要从我国传统的装饰纹样（图案）入手，这是打开这扇大门的钥匙。

我国之装饰造型最早表现在纹样上，而我国的传统纹样与文字的创造思维一脉相承，是劳动人民在生产实践中通过观察到的自然形象加工而成，有象形、象事、象意（寓意）等方法。中国传统素来以简为美，故在做文章上力求简明扼要，造型艺术也多在夸张变形上下功夫，以将自然现象描绘成简易明白通晓的形象，并具有鲜明和富有生趣的艺术特征。我国传统纹样大致可分为单独纹样和连续纹样两种形式，并在不同时期呈现出各自丰富的内容。如在单独纹样中的太极、同形、一整二破等。连续纹样如二方连续和四方连续等。在立体造型中，我国的公共艺术有很多是趋于变形的造型，其变形之思路与纹样之变化如出一辙。我国传统纹样有求大、求活、求美和求全的特点，求大是取自羊大（即《说文》中“美”字之由来），反映古人最为原始的审美意识。古人素来注重对于大的事物的赞美，凡大则美则伟，凡小则丑则弱。求活则以装饰方式为假借，通过直白的或隐喻的表现手法，坦诚地反映出人们对于生殖、生命的真挚向往和渴求，是对生命活力的礼赞；求美则表达出人与生俱来的爱美和求美心理，故在行为上敢于大胆夸张，不择手段；求全则是中华民族所特有的对于生命和宇宙观的认识，在具体的装饰行为上以古代的太极阴阳哲学为根本，讲究对称偶数、动静结合、黑白相守和完整圆满等观念，赋予作品以平和、完美与吉祥的艺术特征。

在现代造型艺术中，我国的现代公共艺术造型目前呈现出一种综合的发展趋势，即传统造型与西方构成及 19 世纪以后的西方种种现代文化思维理念的综合。这种趋势实际上在一个侧面也反映了世界性的造型发展，因为当今的西方也在不同程度地综合东方的文化理念。

在具体的运用中，尤其是在把握现代公共艺术造型的变形问题上，至少要从以下三个方面进行学习和研究。

（1）简化方式

简化并非简单化，并非单调，而是通过净化提纯的方法，将复杂或繁复走向朴素、简洁和单纯，这样可以使可视之物更具有典型性，也更精美，并使主题更突出。简化是一种丰富的蕴藏，是具有更高境界的艺术表现形式。在公共艺术中，无论古今或中外，采用简化的变形方式进行造型的例子有很多。

（2）臆想夸张方式

臆想夸张是装饰造型中最为常用的变形方式。臆想夸张是设计者根据个人的生活经历和心理状态以及对于民族风俗等方面所引起的联想或潜意识活动，赋予造型具有比喻、暗示和象征的特征，并进一步通过夸张的变形方式强化造型语言，使造型更具特点，更具装饰性和趣味性。

（3）重构方式

在设计中，我们可以根据设计需要将自然物象通过联想组合、打散重组、互参造型、共用造型以及透叠等重构方式进行变形处理，以达到丰富公共艺术装饰特点和美化造型的目的。

（二）抽象造型

虽然具象变形造型中包含了抽象元素，但我们不能简单地称其为抽象造型。抽象与写实都属于造型艺术范畴。抽象造型可以理解为一种非再现性的、不直接反映实际物体的造型，它是对造型元素，如点、线、面和整体的综合创新。其特征表现出与写实造型不同的特性和规律，如抽象化、平面化等。自 20 世纪初，抽象造型作为一种以造型语言和自律性为基础的造型方法开始兴起。这种造型方式主要基于两个方面：一是基于对客观世界的偶然体验或感受，我们通常称其为偶发性抽象造型。二是根据造型法则，我们将具有独特表达能力的造型元素，如点、线、面和体，进行了综合设计，这种设计我们称其为构成性抽象造型。

1. 偶发性抽象造型

在现实生活中，艺术家往往受到客观物象某种潜在因素的刺激或影响而激发出对创造出新的抽象样式的联想，这种联想甚至连创作者本人也难以解释，仿佛是从自身创作思维的深处自然迸发出来的。譬如对于某种运动轨迹的抽象记录，对宏观的乃至微观的景象以及对于抽象名词的解释，等等。偶发性抽象造型带有很大程度的随机性，同时也会因为创作者本身的情绪和个性特征等因素而表现出极端个人化的倾向，所以，在公共艺术中一般较少采用。

2. 构成性抽象造型

构成性抽象造型是一种在全球范围内广泛应用于以抽象手法进行的公共艺术形式。它不仅能摆脱自然物象的限制，根据造型语言的自律性来构建造型样式，还能按照特定的形式规则，结合景观功能和整体特性，进行综合性的设计和创造，从而在保持个性的同时，也能展现出共性的特点。

在公共艺术领域，无论是具象、意象还是抽象，点、线、面和体都是不可或缺的元素，它们构成了平面和立体造型的基础元素。点、线、面、体这些元素都有其独特的属性，在公共艺术领域中，它们互相关联并呈现出各自独特的视觉体验。

“点”是一个具有相对性质的概念，它在大小和形态上都存在差异。在不同的环境中，相同的“点”可能会被转化为不同的概念，例如，在更大的环境中它被视为“点”，而在更小的环境中，它可能被视为“面”或“体”。“点”常常是人们视觉的焦点，也是造型中的亮点。

一个点的移动可以形成一条线，这条线可能是连续的，也可能是断断续续的，线有宽窄、粗细和曲直之分，有一定的长度，没有长度就不能称其为线。线分为实线与虚线两种。线是一种充满情感的艺术形式，中国的艺术家们擅长使用它来塑造形象。在许多洞窟壁画、书法、绘画、雕塑和民间美术作品中，我们都可以看到线的巧妙运用。尽管人们对东方（中国）艺术抱有崇敬之情，但在很大程度上，他们更倾向于崇拜那种变化无穷、令人叹为观止的线艺术。康得曾经说道：“线条比色彩更具有审美性质。”在许多西方国家的公共艺术创作中，线条被广泛地用于造型，同时也极大地展现了线条的深厚表达力。在线技术的应用中，我们可以看到各种不同的变化，如轻重缓急、强弱起伏、粗细转折等，同时，不同状态下的线条和布局也能展现出独特的气韵和节奏韵律。

线条在不同的方向上展开形成一个面，这个面具有长度和宽度的双重空间形状，但在实际意义上并没有明确的厚度。它的形态改变都能为人们带来独特的视觉体验。“体”这个词是在“面”的基础上加入了“厚度”这一概念，从而赋予了它长、宽和深的空间形状。体存在重量感，不同的形态也会为人们带来独特的视觉体验。

简言之，在公共艺术领域，点、线、面、体这些元素是随时都可能被应用的。只有当我们充分理解并综合运用这些造型元素中的独特特点时，我们才能创作出杰出的公共艺术作品。

二、公共艺术的结构

公共艺术的结构形式可以从两个方面来考虑，一方面是平面的结构形式，我们称为构图；另一方面是立体的结构形式。

（一）平面结构形式（构图）

1. 平面装饰构图中的透视变化

在公共艺术中，平面装饰构图的透视一般是被淡化的，有的甚至完全凭自己的主观想象和自身条件结构画面。这是建筑本身的功能性给其装饰带来的制约，因为过强或过于科学化的透视关系会对建筑本身造成不同程度的破坏（除特殊需要的例外），但是尽管如此，在一些形式的装饰构图中透视仍能发挥一定的作用，我们可以通过某种巧妙的方式规范这些透视，使其更具设计和建筑功能的需要，以利营造出舒适的视觉感受。平面装饰构图的透视有焦点透视、散点透视、环形透视等样式，其中焦点透视在装饰中较少采用，其优缺点在前面已经说过，一般是根据建筑功能和设计的需要并在特定的环境中采用。

散点透视是公共艺术在平面装饰构图中普遍采用的透视方式，我国传统公共艺术基本上是采用这种散点的透视方法。散点透视具有很强的灵活性，同时可以根据作品的尺度变化、环境特征自由地控制画面的安排。

环形透视也是采取散点透视的方法，不同的是，环形透视是将具有不同环视方向的物象保持其原有的方向表现在画面之中，给人以活泼自由的视觉感受。

2. 形的适合

在公共艺术中，形的适合是一个比较突出的问题，它主要反映在两个方面：一方面，建筑中可用于装饰的区域往往是不规则的，为了做好装饰，体现出装饰与建筑整体设计的完整性，公共艺术往往需要在形的适合上做文章。另一方面，在作品本身的构图中也需要体现形的完整性，为此，在处理形与形之间的关系时，往往也要根据某一形的外轮廓去创造另外一个形，使形与形之间相互适合，并在形与形的相互错让和调节中合理地利用空间，使物象的完整性得以充分地表现。

在形的适合的基础上进行大胆的发挥，会得出另一种方式，即共用形的方式。我们可以将某一轮廓线、点、面分为两个或两个以上形体的共用的形，使其相互依存又相互制约，并以独特的形式充分展示公共艺术所具有的丰富艺术表现力，这种共用形的方式同样可以利用到立体结构形式中。

3. 形的重复

在公共艺术中，为了取得和谐的装饰效果，往往运用一种或多种重复的形来结构画面（这种重复的行为在立体结构形式中也时有发生）。重复是公共艺术的重要特征之一。重复可以带来很强的装饰效果，同时，重复的方法不同给人的视觉效果也不同。形的重复有两种：一种是相同形的重复，另一种是近似形的重复。在结构形式上，可以按照设计要求在充分体现秩序的前提下自由地运用形的重复，譬如左右、上下、环形以及不同方位的重复，也可以运用渐变的形式进行重复的安排。

4. 形的层次

与一般写实性绘画不同，公共艺术在处理形的层次上大多不采用透视、明暗、虚实等方式，而是根据自身的装饰特点，在追求平面化的基础上通过形状的大小、重叠的前后等方式来处理形的层次关系。

5. 图与底的关系

图与底的关系问题是平面乃至立体结构形式中一个重要的问题，它直接影响公共艺术的整体效果。中国画以及书法自古就重视图与底、实与虚的关系，有所谓即白当黑或即黑当白之说。雕塑大师亨利·摩尔也非常注重对于实体与空间之间的形的关系。

平面装饰的图与底的关系一般表现为三个方面：其一是白（浅色）底黑（重色）纹，即在白或浅颜色的底子上描绘黑色或重色的图形。其二是黑底白纹，是与前者相反的形式。其三是图底互换，即不采取固定的图底关系，而是根据设计意图采取互换图底的手法自由地调节二者的关系。

（二）立体结构形式

立体结构形式与平面在很大程度上有共同性，换句话说立体结构形式并没有脱离对于点、线、面在结构形式上的控制。立体结构形式不仅需要在一定程度上充分尊重平面结构形式的一般规律和形式法则，同时更需要对其所依附的载体性能特征和建筑以及景观环境特征相适应。不仅如此，立体造型所具有的三维空间特征要求我们在其结构形式上倍加注重对于材料特性、制作工艺以及力学等方面的研究和运用。

在现代公共艺术中，立体造型的结构形式非常注重对于立体构成的研究，特别是在以意象或抽象为表现形式的造型中更加明显。

第二节　城市公共艺术设计的材料应用

材料在公共艺术中占据着极其重要的位置，公共艺术是建立在材料的不断发现和运用基础上发展起来的。

在公共艺术中，材料运用得是否恰当合理，直接对其最终效果产生十分关键的影响。因此，在设计时必须要对材料的特性和大环境有充分的把握。

把握材料的自身特性，就是明了材料的物理性能及其视觉特性，也就是人们常说的肌理效果。在准确掌握并合理运用材料自身特性的基础上，以最有表现力的处理方法、最清晰最完美的形式展现出这些特性。

把握材料与环境的关系，是完成公共艺术设计所要达到完美统一的关键。对于公共艺术，材料不仅可以完成作品本身的形式美感问题，同时，更进一步完成了艺术家对于建筑以及景观环境的理解和情感的寄托。

可用于公共艺术的材料是极其广泛的，只要适合，一切材料都可以成为公共艺术的媒介。公共艺术材料一般包括两类，一类是天然材料，另一类是人工材料。天然材料包括：石材、木材、陶土、天然纤维材料（毛、麻、棕、竹、柳等）、漆以及矿物颜料等。人工材料包括：各种金属材料、人工纤维材料、塑料、玻璃、石膏、玻璃钢、水泥等。每一种材料相应地都有一种加工工艺或复合加工工艺，譬如手工雕刻工艺、机械加工工艺、金属加工工艺（切割、焊接、铸造等）、编织工艺、印染工艺、陶瓷烧结工艺、镶嵌工艺、漆艺等。可以说，材料的加工工艺过程是一个地道的物化过程，其制作水平的优劣直接影响作品的质量，绝不可以等闲视之。因此，在很多情况下，公共艺术往往是集体力量的结晶，而非一人力量所能及。

另外，结合建筑以及景观环境的功能性，合理地选用适合人的视觉感受材料，同样也是非常关键的。实践告诉我们，在人们的内心，似乎早已建立起了对于某种材料的承受力的信任，这种信任可能是由直觉或经验带来的，倘若超出这种信任，无论这种被使用的材料如何坚固耐用，都会给人造成一种近乎逻辑上的错误感觉，并使人产生疑虑与不安的心理负担。譬如玻璃的易碎性似乎早已成为人们固有的认知，虽然现代玻璃制造已经解决了这方面的问题，但是，倘若以玻璃为材料制作出具有一定高度或承受力的公共艺术作品的话，就可能会给人带来视觉乃至心理上的压力。

第三节　城市公共艺术设计的色彩搭配

世界上本无可以离开色的形，也没有可以离开形的色，色与形是一体的。古往今来，很多著名的美术理论家、画家、设计师都曾在色彩研究上投入了极大的精力和热情。譬如，在我们所熟悉的鲁道夫·阿恩海姆（美国）的《艺术与视知觉》一书中就有对于色彩诸多方面十分精彩的论述。另外在约翰内斯·伊顿（瑞士）等艺术大师的相关书籍里，我们都会找到能够引起我们深思，给我们带来教益和启迪的真知灼见。

色彩有科学的一面，也有一般的规律可循，无论哪一种门类的造型艺术都要遵循这个规律，这是一切造型艺术的共性所在。色彩同样也有个性的一面，有无规律可循的一面，当色彩与人产生碰撞并由这种碰撞而带来的艺术活动的时候，这种个性就能够得到充分的体现，色彩的这种个性是造型艺术最为珍贵的品质。色彩直接作用于人的视觉、知觉乃至心理，使人产生联想和共鸣。

一、公共艺术色彩及运用

公共艺术在色彩的运用上有其自身的规律性和特征，这种规律性以及特征是建立在对于色彩基本规律的前提下的。另外，长期以来人们对于欣赏此种艺术所形成的某种程度的心理定式，以及民族性的色彩审美问题也是影响公共艺术表现的重要因素。

人类对于色彩的认识实际上来自两个方面，一是物质上的，二是心理上的。当然，这是一个相对武断的区分，因为物质与心理的关系问题在西方和东方之间是存在着观念上差异的，所以将物质与心理或精神作为两端，分别加以研究。而东方（中国）文化的基本思维模式是综合的，特别是从影响我国文化至深的宗教的角度来看，物与心被视为一体，而作整体的把握。下面，我们将从基本知识入手并围绕公共艺术这一课题展开有关色彩问题的探讨。

（一）色彩常识

1. 光与色

正如火焰产生光一样，光又产生了色彩。色是光之子，光是色之母。1676 年，艾萨克、牛顿用三棱镜将白色太阳光分离成色彩光谱。这就是红、橙、黄、绿、青、蓝、紫各色。

2. 色立体

色彩通常分为两大类：有彩色和无彩色。所谓有彩色，是指那些具有色彩倾向的或有色味的色。譬如红、黄、蓝、绿、青、紫等色。所谓无彩色，则是指没有色彩倾向的色，是指黑、白、灰。另外，每一种有彩色同时具有三种要素，即色相（指色彩的倾向）、明度（指色彩的明暗程度）和纯度（指色彩的饱和度）。无彩色只有明度上的变化，没有色相与色彩纯度上的变化。

据说人能够识别八万多种色彩，但是如何明确地区分它们以便于表达呢？用语言和文字是难以说明它们的，于是人们开始有了对色彩作系统化整理的想法。通过这种想法，人们将色彩按照它们的属性（即色彩的三要素）结构成立体坐标，并称为色立体。这种色立体以垂直中心轴表示明度等级，以半径的长短表示色彩的纯度等级，以圆周角表示色相的顺序变化。色立体像一棵色彩斑斓的色彩树，使我们能够准确地找到所需要的色彩，色立体为我们深入地认识、把握和运用色彩提供了方便。目前，世界上流行和通用的色立体有三种，即蒙赛尔色立体、奥斯瓦尔德色立体以及日本色研所提供的色立体。其中蒙赛尔色立体经过测色学的修正，相对更加具有科学性和可操作性。

3. 色彩的混合

色彩的混合包括两个方面，即加色混合（或正混合）和减色混合（或负混合）。所谓加色混合是指通过这种方式的混合，人们发现加入混合的光色越多其光色的亮度就越大，如果是全色光，那么混合的结果就是很亮的白光。减色混合是指颜料的混合，这种混合的结果是，加入混合的色素越多其明度就会越低，直到无色的黑。

无论是加色混合还是减色混合，都会造成色彩纯度的降低。另外，我们通常将不能进行再度分解的色称为原色，故有三原色之分（光与颜料的三原色是有一点区别的），而把两个原色混合出的色称为间色，把两个间色混合出的色称为复色。三原色具有全色的性质，所以色彩的混合往往通过三原色来进行。我们对于色彩的感知以及判断只能在整个色彩关系中取得，关系问题是我们解决色彩乃至一切艺术的金钥匙（其实还远非如此，宇宙与生命这个大系统无一不在关系之中），孤立地去分析色彩没有任何意义。那么，这种色彩的关系中必然包括两个方面的问题，即色彩的对比与调和的问题。这里我们分别将对二者所具有的特征加以描述，希望通过描述能够使读者进一步对其性质和艺术的价值有所把握。

另外，需要说明一点的是，在实际公共艺术的色彩运用中，采用单一的色彩对比形式或调和所进行的装饰行为是很少见的。更多的时候是通过多种对比和调和的关系并使之有机地融合在一个整体里面。换句话说，你无论采用怎样的对比与调和关系，建立起一个和谐的统一色调关系是尤其重要的。色调不仅是公共艺术本身的需要，同时也是整个建筑环境的需要。就像文学作品之于章法，音乐作品之于旋律一样，公共艺术一定要在一个和谐而美妙的色调中才能够得以完美地体现。

（二）色彩的对比与调和

色彩的对比与调和应该是从事造型艺术的专业人士共同探讨和深入研究的课题，深入地掌握其中技法对于公共艺术设计无疑会起到很好的推动作用。

1. 色彩的对比

关于色彩的对比问题，约翰内斯·伊顿在他的《色彩艺术》一书中将色彩的对比概括为七个方面，我们不妨沿着他的研究思路去探讨与公共艺术有关的色彩问题。这七个方面是色相对比、色度对比、明度对比、互补色对比、冷暖对比、同时对比、面积对比。在这七个方面的对比中，前三种是色彩三要素的直接反映，后四种是这三种要素的引申。

（1）色相对比

色相对比是指未经掺和的色彩以其最强烈的明度所进行的对比，是七种对比中最为简单的一种。当红、黄、蓝三色被同置于一个画面的时候，就会呈现出一种极端的对比状态，其效果总是令人兴奋，生机勃勃和毅然坚定（譬如在民间公共艺术中，类似这样的情形是很容易见到的）。当使用的色相从三原色中远离时，色相对比的强度就会减弱。

在装饰色彩中并不总是使用具有相同强度的色相来表现，大多是采用更为主动的方法，即让一种色相起主要作用，其他色相作为辅助而少量使用，这样从一定程度上加强了色彩的表现性特点，从而使这种色相对比表现出或欢快或忧郁，或纯朴或华美等特征。

另外，白色与黑色甚至灰色，在以色相对比为表现方法的公共艺术中往往是不可缺少的。它们起到某种程度的控制（加强或减弱）及协调等作用，从而使这些色相间的对比趋于更大程度的和谐。

（2）色度对比

色度是指色彩的饱和度或色质，指的是色彩的纯度。色度对比就是在色彩的纯度层次上所进行的对比，实践证明，由白光通过棱镜产生的色相具有最大的饱和色，或称色相的最强度。任何一种纯色当受到外力干扰时，它原有的色彩饱和度就会随之降低。假如我们在某种色彩中按照一定的比例加入无彩色（黑、白、灰）或有彩色，并使之建立起 9 个等级的纯度色标，我们就会清楚地看到其中的变化。另外，不同的色相（原色）其纯度也是不同的。

当一种混合色包含三种原色时，所得到的色相就会呈现出一种无光泽的、暗淡了的特性：因比例的不同，它们会在色彩倾向上反映出不同程度的变化，譬如会呈现出微红的灰色、微黄的灰色或微蓝的灰色，乃至黑色。当然，同样的方法也适用于三种间色，或者任何其他的色彩结合，只要在总体混合色中存在这三种原色的成分。

另外，色度在实际的运用中其对比效果总是相对的。即同一种色彩在遇到较暗淡的色彩时会显得明亮而生动，而遇到更加明亮的色彩时则又会显得暗淡和缺乏生动性；这是一个很重要的问题，获取其中的经验只有在不断的实践中去实现。

在公共艺术的色彩中，不同的色度对比关系给人们带来的视觉感受也是不同的。譬如高纯度基调的色彩会给人以积极、冲动、强烈、外向、快乐以及充满生气之感；中纯度基调的色彩会给人以稳定、成熟、柔和以及质朴之感；低纯度基调的色彩会给人以简朴、陈旧、消极甚至是抑郁之感。

（3）引明度对比

明度对比是指色与色之间在明暗和层次上的对比，是公共艺术色彩中极为关键的一环。可以讲，任何色彩的表现都必须通过明度上的对比来完成。当我们着手公共艺术的设计和创作的时候，往往首先想到的会有色彩的明度问题。色相之间因为明度对比程度的不同而形成不同的总体趋向。也就是明度基调，通过这种基调人们可以感受到不同情感特征的存在。其实，有关于明度的描写在生活中也是随处可见的，例如某个人长得很黑或很白；天色很暗或很亮等。

为了清楚地了解和进一步把握色彩的明度关系，人们往往通过色阶的方式，用一个从黑（最暗色调）到白（最亮色调）的尺度表来衡量色彩的明度变化，通常的做法是排成九个色度，并将这九个色度进一步划分为高、中、低三种调式。这种方式适合于对一切色彩明度上的分析。在无彩色（黑、白、灰）或某一种彩色色相范围内，它们的明度层次是容易区别的。但是，色彩本身包含着不同的色相，这些不同的色相又具有不同的明度，所以，当多种色相同居一处的时候，这种对于不同色相层次上的鉴别就会变得非常复杂，绝非可以通过某种计算公式解决问题。这需要从事公共艺术的人们能够练就一双敏锐的眼睛，具备能够精确地鉴定这种复杂变化的能力。

对于公共艺术来讲，一个更为复杂的问题是，明度对比不仅反映在公共艺术本身，同时也反映在它与被装饰物和整个大环境的和谐上。在我们通常使用的美术颜料中，我们将调和后能够产生中性灰黑色的两种颜色称之互补色。例如黄与紫、橙与蓝、红与绿。从物理学上说，两种互补色光混合在一起时，就能产生白光（这在前面的色彩常识中已经说明）。

（4）互补色对比

互补色是互相对立，又互相需要的一对色彩。当它们靠近时便会产生强烈而鲜明的对比关系，当它们调和时，就会像熄灭了的灯火一样使一切化为乌有，变成一种灰黑色。

不仅如此，我们发现在每对互补色中都包含红、黄、蓝这三种原色。

黄—紫 = 黄—红 + 蓝

橙—蓝 = 蓝—黄 + 红

红—绿 = 红—黄 + 蓝

这就意味着每一对补色都囊括了光谱中所有的色彩，进一步说，倘若我们将光谱中的一种色相去掉，所有其他的色相混合在一起就会产生它的补色。

色彩的互补关系我们在自然界中会经常看到，其表现出的优美与神秘令人惊叹。譬如人们可以在红花与绿叶中，在紫色的花瓣与黄色的花蕊中观赏到这种美妙的结合。当然，在公共艺术中，其色彩未必局限在对于一对互补色的使用上，也可以使用两对、三对或更多对的互补色。只要补色色域相互接触或不太远离，就会收到很好的艺术效果。

每对互补色都有自己的独特性。互补色的规则是色彩和谐布局的基础，遵守这种规则便会在视觉中建立精确的平衡。而这种平衡往往在公共艺术中是尤为重要的。

（5）冷暖对比

所谓冷暖对比是指对于色温感觉的不同而形成的对比，伊顿曾用一些数字来表明人们在色彩冷暖感受上的差异。他说："……人们对冷热的主观感觉相差华氏 5 ~ 7 度。"也就是说，在蓝绿色房间里工作的人们，与在红橙色房间里工作的人们对温度的升降感觉是不同的。客观地说，这意味着蓝绿色使人体循环减慢，而红橙色却使人体循环加速。在动物实验中也获得了同样结果；将一个马房分成两部分，一部分粉刷成蓝色，另一部分粉刷成红橙色，在蓝色部分的马匹赛跑后很快就安静下来，而在红橙色部分的马匹却在若干时间内依然感到躁动不安。同时发现，在蓝色部分里没有苍蝇，红橙色部分里却有很多。这些实验所表明的现象虽然至今还不能得到更为科学的解释，但其客观存在性是不容置疑的。

在色轮中，按照它的顺序排列，我们往往将趋于红色的色彩系列称为暖色，如黄、黄橙、橙、红橙、红和红紫色。而把趋于蓝色的色彩系列称为冷色，如黄绿、绿、蓝绿、蓝、蓝紫和紫色，并同时把红橙色和蓝绿色视为冷暖对比的两个极端。而事实上，一切色彩都具有相对性，当一种色彩被放置于比它更暖或更冷的色域中的时候，这种色彩原有的冷暖性能就会相应地产生变化，这取决于色彩间的相互对比关系。

按照伊顿的观点，色彩的冷暖特性还可用其他若干相对应的术语来表示。

冷—暖　　　　流动—固定

阴影—日光　　远—近

透明—不透明　轻—重

镇静—刺激　　湿—干

稀薄—浓厚

以上种种因素为我们从事公共艺术创作在一定程度上提供了表现的依据。善于利用色彩的这种冷暖现象以及巧妙地通过色彩的冷暖对比来实现设计的某种意图，对于从事公共艺术的设计师们来讲无疑都是非常重要的。

（6）同时对比

同时对比是直接针对人的视觉、知觉展开的研究：当人们将完全相同的一块颜色置于不同的色域里时，这块颜色在人的视觉中就会改变原有的状态而呈现出不同的色彩倾向。这种倾向包含了互补色的规律，譬如在大的红色的色域里置一黑色或灰色块，这块黑色或灰色块就会呈现出略带绿色的色彩倾向，其他色亦然。

另外，当人们看到任何一种特定色彩的时候，眼睛都会同时要求有与之相应的补色存在，以获取视觉上的平衡。背景色看得时间越长，或者色彩的亮度越大，效果就会越好。目前，我们将这种无法解释的生理现象理解为是人的一种错视行为，并非客观存在的事实。我们会在同时对比（色的并置）和连续对比（时间上色的连续显现）中发现这种错视行为的存在。

同时，这种对比产生的效果不仅可能出现在一种灰色与一种强烈彩色之间，还可能出现在任何两种不完全匹配的色彩之间。这两种不同的色彩能够将彼此转化为自己的补色，因此，这两种色彩往往会丧失它们原有的某些特性，从而变成具有新效果的色调。在这种情形下，色彩能够激发出一种令人兴奋的情感，并伴随着强度的持续变得充满活力。当这种特定的色彩被持续地凝视时，它似乎会逐渐失去其原有的强度，但与此同时，人们对这种色彩的感知却会变得更加强烈。色彩感知的驱动因素并不总是与其产生的效果保持一致，这一观点是完全适用的。同时，对比所产生的效果对于我们从事公共艺术设计的人们至关重要。在设计的初期，我们不妨先用一幅预备性的草图来检查色彩效果，即把一幅构图里要使用的色彩进行并置，同时还要考虑到与大环境在色彩上的同时对比关系，以避免不切实际的武断行为出现。

（7）面积对比

面积对比是指两个或更多色块相对色域所产生的对比。这是一种大与小、多与少之间的对比色彩，可以组合在任何大小的色域中，但是我们所要研究的是在两种或多种色彩之间存在着的，通过对于面积的控制而达到的色彩间的平衡。

在色彩中，有两种因素可以决定一种纯度色彩的力量，即它的明度和面积。在估量色彩的明度时，我们首先应该将含有不同色相的色彩放在一个中等明度的中性灰色背景下进行比较。这样我们便很容易发现这些色相在明度上是有很大差别的，歌德曾为这些含有不同明度的色相拟定了一个简单的数字比例，这些数字比例如下。

黄：橙：红：紫：蓝：绿

9 ：8 ：6 ：3 ：4 ：6

每对互补色的平衡比例如下。

黄：紫＝9 ：3＝3 ：1

橙：蓝＝8 ：4＝2 ：1

红：绿＝6 ：6＝1 ：1

倘若将这些明度转变成和谐且相互平衡的色域，我们必须调整这些比例关系，即使其明度的比例数字倒转，相应加大或减小其中色彩的面积，以获取它们之间的平衡。这样我们便可以得出以下能够产生和谐与平衡的色域比例。

互补色的色域比例如下。

黄：紫＝1/4 ：3/4

橙：蓝＝1/3 ：2/3

红：绿＝1/2 ：1/2

原色和间色的色域比例如下。

黄：橙：红：紫：蓝：绿

3 ：4 ：6 ：9 ：8 ：6

或

黄：橙＝3 ：4

黄：红＝3 ：6

黄：紫＝3 ：9

黄：蓝＝3 ：8

黄：红：蓝＝3 ：6 ：8

橙：紫：绿＝4 ：9 ：6

所有其他色彩都可以通过这种方式来推算出它们彼此的比例关系。

在实际的公共艺术设计中，对于色彩面积的控制，好的办法是发展和运用直觉，并从色彩的效果出发去发展色域的大小和形状，而不是通过某种计算公式。况且，公共艺术中色域在形状上常常反映出错综复杂的特征，我们很难以计算的方式用简单的数字比例将它们归纳起来。只要具有敏锐的感觉能力（这种能力只有靠不断的实践才能够获得），眼睛是完全可以信赖的，这也是一些大师曾经阐述过的观点。

2. 色彩的调和

人对和谐的需求不仅仅来自所学到的知识，更大程度上还来自人的生理或知觉。所谓色彩的调和，是指为构成和谐而统一的整体所进行的调整与组合过程。在色彩的调和中，应至少考虑以下两个方面的内容。

（1）共性调和

共性调和，是指在色彩三要素中，通过加强彼此间的共性特征而达到和谐目的的调和。譬如在色彩的色相关系中，为了使色彩达到某种程度的和谐，我们要在诸多色彩中努力寻找到可以统调到一起的具有共性意义的色相，进一步加强这一色相同时削弱其他原来被认为尖锐和刺激的色相，最终使色彩达到和谐统一。这种办法同样可以运用到对于色彩明度、纯度或者背景色彩的统调上。其中在公共艺术中，通过对于统调背景颜色而使画面总体色调达到统一和谐的例子是非常多的。

（2）面积调和

不言而喻，所谓面积调和即是通过对各种色彩的色域大小进行统调，使之在加强共性削弱其间对比关系的一种调和。一般来讲，对比双方的面积越大，其调和的效果也就越弱，反之则越强。实际上，在具体的公共艺术设计中，为了使作品中的色彩达到某种程度的和谐，我们通常需要同时考虑以上这两个方面的内容，孤立地采取一种调和办法往往是不容易达到目的的。

3. 色彩的表现性

色彩的表现性往往是造型艺术中备受关注的问题，从事公共艺术设计的人们尤其不能忽视对于这一重要问题的研究。

伊顿在其《色彩艺术》的有关“色彩表现理论”中曾有过论述。

我们从伊顿的描述中不难看出，色彩的表现性与人类的心理活动有着密不可分的内在联系。在长期的与色彩接触和艺术实践中，人们对于色彩的表现性认识，在一定程度上达成了共识，譬如对于色彩表情的认可，这是人类对于色彩认识的共性所在。当然，这种所谓共性同时带有强烈的时代性、地域性和民族性等特征，随着时间的推移，这种共性会相应产生变化。

人们对于色彩表情的认识在某种程度上近乎程序化，但是在具体的公共艺术实践中，设计师不可机械地套用这些认识，因为色彩的表情会随着条件的改变，在人们的联想中产生变化，就像伊顿所描述过的那样。同样的蓝色用于大海和远处山岳会使我们心醉，用于室内装饰就可能令人感到压抑，而用于人的皮肤便会使其苍白。所以，辩证地运用人们对于色彩表情的认识是绝对必要的。

现在我们对部分色彩的表现性予以概述。

（1）红色

红色是一种浓厚而不透明的色彩，在可见光谱中，红色的波长最长。哪怕是在极为恶劣的天气里，它仍然能够穿透空气并显示出强大的威力，所以，在生活中人们往往利用红色作为警示的标志。

红色同时具有极为丰富的表情，它温暖、热烈、吉庆、真诚、赤子，具有一种不可抗拒的火焰般的力量。它威武、庄严、热血，令人仿佛看到战火纷飞的战场和英勇杀敌的战士。处于高明度的红色具有一种能够使人血液循环加速和产生兴奋感的力量。红色处于低明度时则给人以稳重的同时还有消极和悲观的意味。国人最喜爱红色，常常将其视为正义、吉祥、辟邪的象征，在民间生活、礼仪、纪念日以及美术活动中，红色被视为最重要的色彩而广泛使用。

红色具有非常丰富的调和性，因为它可以在冷与暖、模糊与清晰、明与暗之间进行广泛的变化，而不会毁坏它的红色特性。当红色与其他色彩相遇时，其表情会发生变化，如在柠檬黄色上，红色呈现出一种深暗的受抑制的力量。在黑色面前，红色会迸发出最不可征服的激情。

（2）黄色

黄色是所有色相中最能发光的色彩，在可见光谱中其波长居中。黄色是一种具有明亮、尖锐、扩张感，同时又缺乏深度的色彩。黄色具有光明、华贵、富丽、智能、绝对等特征，往往使人产生对于丰收、权威、欢快等方面的联想。在我国封建社会中，黄色被视为顶级色彩，多为皇室或寺院中所用，西方国家也多以黄色反映光明或神的力量。

黄色只有在保持明度和纯度的绝对稳定前提下，其辉煌的特征才能够得到充分的体现，但是，黄色的这种严肃性却极容易遭到某种程度的破坏，正如真理只有一条，黄色也只有一种。遭到破坏的黄色犹如败坏了的真理，从而表现出嫉妒、背叛、虚伪、怀疑、不信任和缺乏理智等表情，所以艺术家大多非常谨慎地使用黄色。当黄色与其他色彩相遇时其表情会产生变化。如在红色色域中，黄色会显得喧闹而欣喜。在橙色色域中，黄色会显得更纯更亮，犹如阳光般的灿烂。在蓝色色域中，黄色显得明亮而辉煌，但稍显强硬和难以调和。在红紫色色域中，黄色会呈现出一种极端的富有特点的力量，坚实而冷静。但是，如果黄色与红紫色相调和就会失去其特点，而变得冷淡和病态了。

（3）蓝色

蓝色是一种与红色特征形成反差的色彩，是一种在人的视觉中表示出收缩、内向的色彩。在可见光谱中蓝色的波长较短。

从有形空间的观点来看，红色总是积极的，蓝色总是消极的。然而从无形的精神观点来看，蓝色似乎是积极的，红色则是消极的。正如红色同血有联系，蓝色同神经系统有联系。蓝色具有宽广、永恒、博大、坦荡、理智、深邃以及保守和冷淡等特点。蓝色对西方人意味着信仰，当蓝色处理得昏暗时，它还象征迷信、恐惧、痛苦与毁灭。

当蓝色被置于黄色之上，蓝色就会显得暗淡，同时呈现出模糊和暧昧之感。蓝色置于黑色之上，蓝色则会以明快纯正的力量闪光。蓝色置于淡紫红色之上，蓝色似乎就会变得畏缩、空虚和无能。在暗褐色（深暗的橙色）底上时，蓝色则表现出一种强烈的战栗，同时激发出了褐色的生动性。

（4）绿色

绿色是介于黄色与蓝色之间的中间色，产生于两种原色的调和，是中间色的一种，在可见光谱中绿色处于中间的位置。绿色的种类很多，它会随着黄色或蓝色含量的多少，而产生相应的变化。

在《色彩艺术》中，伊顿有这样一段描述："绿色是植物王国的色彩，神秘的叶绿素包含着光合作用。当阳光照射到地球时，水和空气就放出它们的分子，于是实体化了的知觉能力就长出绿色。绿色的表现意义是丰饶、充实、宁静与希望，以及知识与信仰的融合渗透。当明亮的绿色被灰色所暗化时，就容易产生悲伤衰退之感。如果绿色倾向于黄色，进入黄绿色范围，就会感到自然界朝气蓬勃的青春力量。在春天或初夏的早晨，如果没有黄绿色，没有对夏季果实的希望与欢乐，那是不可想象的。"歌德也曾形容过绿色的特征："绿色给人以真正的满足，人们不再想做进一步的探索，也不想后退。"

绿色的转调领域非常广阔，倘若绿色倾向于黄，会生发青春之意气。倾向于蓝色，绿色则变得精神倍增；倾向于灰，绿色则变得消极；倾向于黑，绿色则变得深沉、安稳和带有几分忧愁。在公共艺术设计中，我们可以通过不断地实践，对绿色在变调中所具有的各种不同的表现价值加以了解和认识。

（5）橙色

橙色，红色和黄色的混合色，间色之一，在可见光谱中，橙色的波长仅次于红色。在所有色彩中，橙色是最具光辉的色彩，它具有太阳般的发光效果，发红的橙色能取得最大的温暖能量。纯度高的橙色虽然躁动，但总还是喜庆的，然而倘若将其淡化，很快就会失去这些特点而变得苍白起来。用黑色掺和时，它会衰退到模糊、缄默和干瘪的褐色。若将这褐色淡化，就可获得灰褐色调，产生温暖慈祥的气氛。

（6）紫色

紫色在可见光谱中属于波长最短的一种，是红与蓝结合而成的间色，但要确定一种标准紫色，换句话说，这种紫色既不倾向于红也不倾向于蓝，是极端困难的。

紫色作为黄色的补色，往往具有某种程度上的与黄色相反的特性。紫色一般给人以神秘的，有时是令人压抑的感觉，并且因对比的不同，表现出具有威胁性或鼓舞性的感觉。当紫色以大面积的色域形式出现时，恐怖感便随之而来，在倾向于紫红色时更是如此。为此，歌德对于紫色的特征曾经作过这样的判断——这类色光投射到一幅景色上，就暗示着世界末日的恐怖。

在西方一些国家里，紫色是一种象征着虔诚的色相。当紫色被进一步暗化了的时候，便又是蒙昧迷信的象征，仿佛灾难就要从这深暗中将要爆发出来一样。然而，一旦紫色被淡化，犹如光明与理解照亮了蒙昧的虔诚，一切又将变得优美可爱起来。

其实，对于色彩的感知和正确判断是来自整体的观察，而非孤立地去分析和认识色彩，我们只有根据每种色彩同其邻色和整个色彩的关系与相对位置来做出相应的判断，才能得出有用的尺度。

另外，当两种被认为互补色的色彩相遇时，它们彼此的色彩特性就会得到一定程度的互相补充，从而产生一种综合了的色彩特性，设计师往往利用这种特性而使公共艺术作品达到某种程度的和谐。

以上是对一些有关色彩的分析，当然，这些分析主要来自前人所总结下来的经验。其实，有关色彩体现的功能还远非如此。譬如不同民族或地区的人们由于宗教或其他诸因素所带来的对于色彩的忌讳或推崇，以及因阅历和喜好不同而对于色彩的运用，既要尊重客观存在，同时又不可处处循规蹈矩，亦步亦趋，使所谓的经验和知识成为行动的桎梏。

4. 形状与色彩

在造型艺术中，形状与色彩是分不开的，形状同样具有色彩般的表现特性，形状和色彩的这些表现特性是同时发生作用的，就是说，形状和色彩的表现力应该是相辅相成的。这里，我们同样需要借用伊顿的观点来说明这个问题。

正如红、黄、蓝是三种基本色彩那样，三种基本的形状为正方形、三角形和圆形，是最有突出表现价值的形状。

在公共艺术中，设计师不可避免地会运用一些能够反映自身素质或个性化的色彩以及形状，但是有关色彩与形状共性方面的研究应该成为设计师首要的研究问题。

二、公共艺术色彩的表现特点

公共艺术在其色彩的运用上存在着一定程度的局限性，这种局限性在被称为“纯艺术”里面是不存在的。譬如，人们在色彩的设计之前必须对建筑的功能以及景观环境特征有所了解，另外还要兼顾到建筑师和环境设计师对整体色彩的设想和安排，以及建筑景观使用单位对色彩的要求等。这种局限性往往给公共艺术创作带来诸多的不便。但是，也正是这种局限性，同时也蕴藏着自由与生命活力的契机。只要公共艺术家能够站在整体的角度，从大局着眼，一切都会变得明朗起来。

公共艺术在色彩的运用上，存在着如下几个方面特点。

（一）因地制宜

公共艺术与建筑及景观环境是统一的整体，在色彩的色相、明度和纯度上，都要针对建筑及景观环境的诸多因素进行合理而巧妙的选择，不可因强烈的个人意识而破坏建筑及景观环境的完整性。在具体的设计工作中，我们首先要处理好公共艺术的色彩与特定建筑功能乃至整个景观环境的关系问题。譬如在一些剧场、文化娱乐场所、公园等充满欢快和热烈气氛的特定建筑环境中，其装饰色彩的运用就应具有相同的性质。具体地说，我们可以选择明快、响亮和鲜明的暖色来适应这个环境。同样，在餐厅或酒吧里面，我们应该努力找到那些能够引起进餐者食欲和舒适感的柔和而温暖的色彩。在运动场、体育馆以及其他具有健身和竞技意义的场所里面，其装饰的色彩一定是具有较高纯度的、鲜明的、具有强烈对比和令人亢奋的。相反，在学校、图书馆、疗养院以及一些休息场所，则需要配制一些足以使人感到清新和稳定的色彩，如以绿色或其他冷色为主的色调，从而能够使人在优雅而宁静的环境中修养身心。

（二）重写意轻写实

张光宇先生曾在《装饰创作问题》（《装饰》1959 年第六期）一文中谈道：“装饰色彩的主要特点是什么呢？特点就是突破自然主义。如果以绘画的正常色彩学衡量装饰色彩就会限制住装饰性。”公共艺术的色彩（指作品本身的色彩）至少在三个方面是不受所谓现实主义限制的。

其一，公共艺术的色彩不受三维空间条件的限制。在大自然中，当你站在某一位置去观察风景时，你会发现，色彩会随着距离的不同而产生变化。在几乎相同的物体色彩中，近处的色彩要暖一些，远处的色彩要冷一些，近处的色彩要纯一些，远处的色彩要灰一些。这些现象，在从事于“纯艺术”的人们那里是备受重视的，同时，你可以在现实主义绘画中看到这些现象是如何被画家们淋漓尽致地表现出来的。色彩的这种自然性，在公共艺术设计这里是不大受到尊重的，因为公共艺术无论出现怎样的设计，最终的结果都是以不破坏建筑本身原有的结构关系和景观特征为前提的，虽然这种破坏只能产生于人的视觉中，但同样会起到很大的作用。这正是公共艺术在与建筑结合过程中大多注重于作品的平面感而相对忽略纵深感的原因。当然也有因为需要而产生的例外，比如在哥特式建筑内的藻井彩绘中，那种通过色彩所营造出的距离感，仿佛真的能够将人们带到美好的天堂。这是计划之内的一种作为，是符合设计师意图的。

其二，公共艺术的色彩不受自然界中所谓固有色彩的影响。譬如在大自然中，我们会看到天空是蓝颜色的，树是绿的，土地是黄的等，纯艺术中的绘画一般是要尊重这个现实的，但公共艺术却不受这些限制。公共艺术设计师可以根据建筑功能和整个环境的需要而随意改变这些色彩。公共艺术中这种对色彩的独特处理方法是其他造型艺术难以做到的。

其三，公共艺术的色彩不受自然界中所谓环境色的影响（作品与整体环境之间，其环境色的问题则是非常需要关注的）。在大自然中，一切色彩都是随着自然条件的变化而变化，是相互影响的，是没有固定的色彩可循的，上面所提到的所谓色彩的“固有色”其实也是一个相对的说法。在现实主义绘画中，画家们是非常注重对于环境色的表现的，但是在公共艺术作品中，环境色这一自然因素往往是被设计师忽略的，设计师可以根据设计意图将所描绘的物象色彩保持在一个特定的状态里，而不受环境色的影响。

公共艺术这种运用色彩的写意性和自由性为设计师的艺术创造提供了条件，同时也为设计师可以有机地和更为广泛地使用各种可以利用的材料提供了方便。

（三）贵单纯朴厚，贱繁缛矫饰

在整个公共艺术发展史中，虽然繁缛之作不乏其例，但大多不为人们所赞美。特别是在我国传统的美学理念中，那些过于繁缛的壁画或雕饰往往被人们视为匠气而非艺术的标志，艺术历来以浑金璞玉为贵，繁缛矫饰为贱。

凡被称为装饰艺术的，在很大程度上是唯美的，公共艺术也同样如此。但唯美的东西却又极容易矫饰和造作，成为一种浅薄的装腔作势般的“假脸儿”，为人们所不喜欢。在传统美术中，大红大绿，大实大虚，大动大静，大气磅礴，以大为美的作品常常为人们所赞叹，这种做法也同样适合于公共艺术，虽雕琢而不小气，虽润色而不矫造。艺术凡大则美则伟，凡小则丑则弱，古今中外之公共艺术无不如此。

从某种意义上讲，色彩上的单纯反而会成为作品丰富的阶梯，越单纯往往越是名贵，这里所蕴藏的辩证关系是值得深入研究的。

色彩对公共艺术的表现具有很大的影响作用，因为人们在欣赏公共艺术时，首先引起视觉反应的就是色彩，色彩最能引起人的注意力。美妙的色彩设计可以进一步加强建筑以及景观环境的艺术表现力，同时在一定程度上也可以弥补建筑以及景观环境其他方面的不足，完善整体环境的设计语言。

在公共艺术中，色彩最容易营造气氛和表现情感。同时，通过色彩人们可以进一步了解建筑以及景观环境所具有的功能、民族特征及其文化，让人们去感受特定环境下的美好。另外，色彩还能够起到和进一步加强建筑以及景观环境的功能识别性，譬如不同行业的建筑，一般都有不同的特定色彩，这些特定色彩也许是来自长久以来人们习惯性的做法和认识，设计中如果能够合理地运用这些色彩因素，便可恰当地反映出建筑和特定环境的功能特征，如用红白条纹来装饰理发店，用绿色或白色来装饰医院，用中性的近乎灰色的稳重的颜色来装饰行政机关，等等，特定的色彩几乎已经成了这些建筑的代名词。

第四章　城市公共艺术设计的功能分析

第一节　城市公共艺术的审美功能

公共艺术既然是以造型的手段来反映、表现现实生活的审美形态，其作为包容人类生活和文化的容器，虽然具有异乎所谓高雅艺术曲高和寡的独特内涵，且随人类物质和精神文明以及社会发展而不断获得崭新的时代内容，但却一直脱不开“艺术”这个大的范围。作为艺术家族中追求成为与人最接近、与所有人和谐共处之目标的艺术形态，其所有功能产生、存在的前提当然离不开对审美功能——艺术之核心功能的依赖。审美第一性，仍然是公共艺术承担的最重要、最核心的功能。公共艺术的审美功能首先是基于对“公共艺术—人”子系统的功能关系分析，是通过公共艺术作用于主体心理来实现的，具有十分丰富的心理学内涵。

一、情感体验——公共艺术审美功能的发生机制和实现途径

斯托洛维奇指出:“艺术的任何一种特殊功能意义必定以艺术的审美本质为中介，在这种含义上它是审美的功能意义。”“审美就是艺术的各种功能意义的形成系统的因素。”在公共艺术的功能系统中，审美功能也发挥着同样的作用，将公共艺术的各种功能紧密地联结为一个系统整体。公共艺术的审美功能依靠特殊的审美心理机制——体验来实现。体验作为现代美学的核心范畴和主要论题，也是公共艺术实现各种功能的前提和先决条件。

有研究者指出，体验和经验不同，经验指“作为个人的见闻和经历及所获得的知识和技能”，而体验则是“经验中见出意义、思想和诗意的部分”。体验作为一种价值性的评判和领悟，它指向价值世界。它是主体去寻求、体味、创造生活的意义和诗意的一种内涵丰富、以情感为中心的审美心理活动。

人们对公共艺术的体验来源于对其形状、色彩、大小、秩序、比例、硬度、韵律等形式方面的感知。这种自我们孩提时代起就开始积累的一系列经验，使我们能够将劲挺和柔美、粗糙和细腻、沉重和轻巧等情感评价与材料的表面特征联系在一起。对此我们意识到各种不同的事物引起的完全不同的感觉，并由此赋予材料、形状、色彩

以独特的情感品性。因此，每件公共艺术品都宛如一位朋友、一个知己，以它独特的情感语言和我们进行心灵对话和交流，并对我们的心灵产生独特的影响。

（一）对公共艺术品本身的体验

主体对公共艺术的审美体验首先来自公共艺术品本身特有的形式语言，如大小、形状、秩序、比例和尺度等。

1. 公共艺术品的大小

从公共艺术发展来看，大小可以等同于体量，不管是由一座山或一片海设计出的大地艺术抑或是人们设计的结构物，单是体量便可以在我们的想象里留下深刻印象。在公共艺术中重量感、实体感往往是趣味的源泉。巨大的体积或体量可以引人崇敬和遐想，或者说它的质的特点正在于它的量——巨大形体的美学。比如奥登伯格把普通的常规的一些日常用品，如衣夹、纽扣、伞、锯子、铲子、纸火柴等超常规地放大而成为很有意思的公共艺术品，耸立在闹市区的街心公园、广场，给人以非常别样的感觉。天天看见的日常用品仅因为大小尺寸的改变就成了万人景仰的雕塑，就如同丑小鸭摇身变成了美丽的天鹅。

公共艺术的巨大体量带给我们的体验，正如博克所说的最令人震撼的“崇高”。可见大小、体积、数量等构成的“崇高”感，给予了我们极大的震撼与快乐。而在这些体量大小之中，还可以援用无限多的形状组合，使这些形状的设计元素融入我们对公共艺术的体验。

在所有的艺术形态中，公共艺术可以说是最大体量的艺术。如果联想我们面对罗马竞技场或埃菲尔铁塔的第一反应，便能深刻体会艺术品大小在审美经验上带来的强烈震撼，而如果把以上这些建筑缩小到十分之一或百分之一，不但减少了它们的量，同时也损及了质，而情绪上的感染力也势必随之减弱。

2. 公共艺术品的形状

人们察觉得到的物体都有形状，每种形状对我们而言，都有某些微小而真实的信息，所以，内心因认知而感到喜悦，某些潜在的喜悦即来自人们对形状的了解。对人们来说公共艺术存在特定的满足感。除了获得基本满足感之外，形状还能够引人注意，令人好奇，更以各种方式刺激人们的视觉神经。有些形状因为带有特殊的信息，很容易了解它们为什么会动人，有些则难以解释，不管解释与否，形状的力量是无可怀疑的。《双重螺旋台阶》的作者赫尔伯特·拜尔，就对公共艺术品的形体非常敏感，普通的台阶通过造型、光线、色彩与背景的高超处理就被赋予了美妙的形式感，其实，任何形状只要能引起人的回忆、回应，或因为其他的形状而被提及，都可能成为好的设计。

形状当然重要，但它不是单一的形状，而是部分与部分之间及部分与整体的关系。

只有极少数的形状可能单独与人们对话，但多数形状必须与其他形状配合，在组织中与主形状或仆形状构成一个等级，或与它们同等的邻接形状一起与人们对话。由它们的合成音、它们的相互影响、彼此的和谐或冲突，衍生出所有公共艺术作品的重要特色。

3. 公共艺术品的秩序

部分与部分、部分与整体、公共艺术与场所的关系、重复与模数以及强调设计的历史文脉等，都是为了秩序，公共艺术品的秩序关系也是审美体验的重要因素。

任何艺术作品，任何人为的作品，都有相当程度的复杂性，不可能有所谓“绝对的秩序”，如果找得到，一定是僵硬、无生命的东西，也不可能有不具形式、毫无秩序的作品。因此，公共艺术就一定居于绝对秩序与毫无秩序之间，在均质与混乱之间。

恣意、不恰当的造型和线条仍然可能和谐。建筑秩序也许不为人所熟悉，但也会呈现出极强的艺术个性，对观者而言也可能产生全新的体验。尼尔森说过：“宝贝似地围住空间，并不是为了空间本身，而是为了活跃于其中的生命。”所以，虽然公共艺术里总有某些东西无法分析，但同样能够触及心灵最神秘的部分，甚至可能会超越理性及日常经验。否则，它就不是最动人、最复杂、最长久、最有力的艺术。

大地艺术家克里斯托的《连续的围栏》，这一跨越北加利福尼亚的尼龙长围栏，高 5.5 米。洒着日光并带着褶皱阴影的白色围栏，像白色的长城蜿蜒在绿色的山岗上，时隐时现，寂静中排列的秩序，被风习习吹着。动与静、光与影、面与线、白色与绿色、柔滑的尼龙与簇绒般的草地交织着诗一样的秩序，心在舞蹈。路易斯·康设计的耶鲁英国艺术中心，细心处理的比例及单纯的沉静秩序，让人享受到视觉上的和谐与喜悦，从而以新的感觉方式知觉世界。

4. 公共艺术品的比例与尺度

建筑师兼理论家阿尔伯蒂在其《建筑论》中说：“数字透过音的和谐使我们的耳朵感到愉快，同时地可以使我们的眼睛和心灵愉悦。”矶崎新的日本群马美术馆，完全是立方体的组合，却远比方形图案更有变化、更有趣。利用相似或重复以追求构成上的统一和谐，实际上也提供了许多变化的可能性。

和谐均被视为引用数字的结果，这些数字间存在着简单的比率关系。赖特在《论建筑》一书中提到比例本身没什么，只是一个与环境的关系，室内室外每一件东西都对其产生影响。这显然是赖特式的夸张法，但比例本身确有某些价值，如对芝加哥合适的比例可能对威斯康星的山丘地来说就完全不合适。

帕丘里指出：“我们应该先讨论人的比例，因为从人体可以得到一切的尺度及其单位。”事实上，我们无法证明以大自然为本或以人为本的比例系统必然引导人实现更好的公共艺术，但我们可以说公共艺术与人体亲密相关，任何好的公共艺术都不能忽视这种关联性。

城市公共艺术品的设置必须以人为尺度，均应以人为中心，时时体现为人的审美体验服务的宗旨，处处参照人体的尺度。有些大地艺术的超大尺度也是以人为尺度的，目的就是震撼心灵。只有当城市的公共艺术品不再小得像玩具，大得无法用人的感官去把握，它的大小、比例具备了人的尺度时，这些公共艺术品才进入一个新的存在阶段，因为公共艺术不仅意味着从外面看到的形状，而且意味着在人们周围构成的形状，在里面生活时的形状。这是人进行审美体验的基础。像一张从空中航拍的影像图片或没有人的风景照片，里面的树、建筑、雕塑就失去以人为参照的尺度感。它的尺度就无法感知。如城市的公共艺术品尺度的设置是否适宜，主要是指公共艺术品和当时的城市肌理是否与市民在行为空间和行为轨迹中的活动和形式相符。个人对尺度“适宜”的感觉就是“美”，即是一种充分而适意的感觉，个人对尺度“震撼”的感觉就是强烈的视觉冲击力。

（二）对公共艺术与环境关系的体验

除了上述对公共艺术品本身的体验外，对公共艺术与环境关系的体验也是公共艺术审美功能实现的重要途径。这包括公共艺术品的场所与公共空间体验两个层面的内容。

1. 公共艺术品的场所

公共艺术作品与特定场所的体验之间存在着紧密的联系。公共艺术从不是一个孤立的领域，它所处的环境会从多个维度影响它。在其被创造之前，它的所有可能性都取决于复杂且具有决定性的社会环境，它必须与通用的分区管理法规和建筑规则相结合，与当前的空间租赁市场相协调，更要考虑社区的整体经济状况和业主的个人经济状况。只有当这些关键因素都得到适当的调整后，公共艺术家才会开始思考公共艺术与其所处的实际环境之间的联系，从艺术的视角看，这才是公共艺术的真正起点。

最令人遗憾的是，公共艺术在基地中就像是一个不必要且不适当的外来添加物，无关痛痒时它悄悄地融入周遭环境。最理想的情况是，公共艺术能够将周围环境具体地整合为一个特定的场所，将与地方特色相关的线索整合成视觉焦点，从而构建出新的真实性。

公共艺术要和场所发生关联，就要将本身及附加的部分伸展到周围景致里。壁画、雕塑、园林都可以调和建筑物与自然，露天凉亭、植物、假山和树篱、柏树也可以软化雕塑与庭院间生硬的差异，能够画龙点睛地活化周围的空间，体验和环境融为一体的意味。

还有一种方法，就是让公共艺术和周遭的既有建筑建立某种关系，因为这些建筑对所在地已经有了相当实质的影响。引用地域性的传统元素，能够体现出“深厚感”的优点。

对公共艺术来说，有效地处理公共艺术和空间的关系是最基本的要求，如果这个关系处理不好，就不可能有让人满意的结果。公共艺术和基地的整个形态，有时候和整个区域，甚至是和整个城市的关系，都可能隐含审美体验的基本规则。

现代人文地理学派及现象主义景观学派都强调人在场所中的体验，强调普通人在普通的、日常的环境中的活动，强调场所的物理特征、人的活动以及含义的三位一体性。这里的物理特征包括场所的空间结构和所有具体的现象；这里的人则是一个景中的人而不是一个旁观者。因此，构成场所或景观一部分的公共艺术不是让人参观的、向人展示的，而是供人使用、让人成为其中的一部分。场所、景观离开了人的使用便失去了意义，成为失落的场所。只是，公共艺术的角色并不都是去配合，反而往往是引入新的元素以转化既有基地。环境方面的角色是公共艺术的重要机能，其实，从根本上讲体验公共艺术与场所的关系是否成功，主要看它是否能成为环境中新的一员。当然，我们这里指的不是任何实质的机能，而是美化环境、塑造空间、界定性格之类的机能。

优秀的公共艺术品应该是有故事的，而且这些故事都是与这块场所和这块场所的使用者紧密相关的，所有这些都构成了公共艺术品的美。公共艺术的美不仅仅属于形式，而是从具体的生活体验和人对城市的实际感受出发，研究人的行为心理、知觉经验在公共艺术品空间和城市环境之间的联系，强调以人为中心，以宜人的尺度构筑城市公共艺术品空间，强调公共艺术品空间和城市生活的融合。这些城市公共空间中的交流——人与人的交流、人与作品的交流乃至人与自然的交流，不断强化了公共艺术品作为公众中心的“场所”精神。

2. 公共空间体验

我们所寻求的基础本身恒常不变，它似乎不仅存在于公共艺术本身的关系中，更存在于它和人的生活空间的关系中。公共艺术能够扩大人们的活动范围，增加人们对公共空间的信赖感和依附感，鼓励人们相互交流，减轻环境的压力，并积极参与到公共空间的改造之中去。通过公共艺术来体验公共空间的魅力也是一个重要的功能。

城市空间是城市特性和特征的物质表现，是城市中最易识别、最易记忆的部分，是城市魅力的展示场所，更是公共艺术品的背景。人们对城市的认知往往是通过对城市空间的认知来实现的。“城市空间与公共艺术品空间一样，可能是相对独立的整体空间，也可能是相互有联系的序列空间。与公共艺术空间不同，在城市空间占主导地位的是不同功能、不同面积、不同形态的各种空间（如广场、街道、园林、绿地、居住庭院等）。美国建筑师沙里宁在分析了欧洲中世纪著名城市和它们的建筑设计之后得出结论：“这些城镇之所以能形成如此生动、美好的面貌，不是仅靠多建漂亮的房屋，而是得益于这些房屋在形式上的相互协调。”同样，公共艺术对于城市整体美的贡献不在于炫耀单个的个体，而在公共艺术品和空间组合成的完美的城市景观上。美籍艺术家斯蒂芬·安东纳科斯利用霓虹灯的线与色这种特殊材料创意造型，他的霓虹灯作品与所依附的建筑空间融为一体，为城市的朝、夕、昼、夜创造了不同的表情，好似开放在大都市夜空中的一朵神秘柔美的花。

公共艺术品必须为城市景观空间服务。因为公共艺术是景观艺术设计中的一个重要的组成部分，它是以公共艺术品和相关的空间区域所组成的以特定景观环境为背景的艺术设计形式，如在建筑本体以及室内外空间环境、街道、广场、社区等景观环境中的造型审美的物质形态。公共艺术往往是构成某一特定景观空间的主体或视觉中心，它在空间大小、形态、尺度、色彩、比例等方面需要注意协调与周边空间的场所关系，从而构成公共艺术与整个空间环境的完整统一的美学规则。

在单个公共艺术作品中的所见，同在公共艺术作品与所处时空的复杂变动交感中的所见，是完全不一样的。积极的体验有助于人们形成头脑中的认知地图，了解空间的意义。因为公共艺术与人的生活空间是紧密结合在一起的，人的行为的改变会带来视点的改变，由此形成的空间环境也会随之发生改变并具有了时间的顺序。这样，空间不再是三维的形式，而将以四维的形式出现，公共艺术因而就同时具有了时间和空间的序列。随着审美主体欣赏角度和视点的变化，在静态和动态的发展关系中，环境艺术就会表现出多样变化的形式和形象。马里奥·梅尔兹的作品就试图体现时空感，如埋于地面之下的霓虹灯在哥伦布远航的巴塞罗那港口的广场上，从数字 1 开始延伸出去，随着数字的不断递增，方块形红色霓虹灯的间距也在扩大，在漫漫黑夜中人沿着红色数字的光走着，它像时空通道把人们从现在带到不可知的未来。这种感觉不是“看”就能体会的，必须跟随着它的指引，方能体验出。

3. 主体对公共艺术的再创造

维多利亚时期的评论家佩特（Waler Pater）在《文艺复兴》一书中的最后一句写道：“艺术在经过你的片刻，而且就在这片刻，提供一种最高级的素质。”体验不是被动地接受，而是主体积极地参与和再创造。朱光潜先生说：“物的意蕴深浅和人的感受密切相关。深入所见于物者亦深，浅出所见于物者亦浅。比如一朵含露的花，在这个人看来只是一朵平常的花，在那个人看或以为它含泪凝愁，在另一个人看又或以为它能象征人生和宇宙的妙谛。一朵花如此，一切事物也是如此。”

就欣赏者而言，看是一种再创造的行为。为了体验所见到的公共艺术，也必须具备这种再创造能力。但是，人们体验到的公共艺术与设计师所创造的差别很大。“对一事物的外貌并不存在着客观正确的概念，只有大量不定的主观印象，这对艺术品是如此，对其他任何事物也是如此。”也就是说体验不仅决定于公共艺术品，在很大程度上还取决于城市大众的审美意识，这包括在城市特定的社会历史环境中所形成的审美理想、审美观念、审美标准、审美情趣和审美需求、审美素质、个性等。它们是城市大众在感受、认知、欣赏和创造城市形态美的过程中逐步形成的，同时又反过来对城市形态美的体验和再创造起到支配作用。城市大众既是城市生产和生活的主体，也是城市审美活动、审美体验的主体。

积极主动的体验可以激发联想，拓展人们的思维空间，并密切环境与行为的互动关系，不但可以从优美的城市环境和生活中得到美的享受，而且也可以参与公共艺术的再创造，以自己的感知代替公共艺术品并与之融为一体，共同演绎一段故事，获得一种与众不同、独一无二的体验。所以，毋宁说是体验公共艺术，更是体验自己。体验在某种程度上来说是对自我存在的一种评价，因为，只有在这个过程中，“我”的价值才能得以呈现。

以上从对公共艺术品本身的体验、对公共艺术与环境关系的体验以及主体对公共艺术的再创造三个层面，论述了公共艺术审美功能的发生机制和实现途径。下面将进一步探讨公共艺术审美功能的独特呈现，即日常生活的审美化和艺术的日常生活化，并以此揭示、展现人类审美活动的本质。

二、日常生活的审美化与艺术的日常生活化——公共艺术审美功能的独特呈现

公共艺术能够让人们展开丰富的想象力，并沉浸其中获得美的享受。在对公共艺术的审美体验中，除了有一般艺术审美活动的共性外，还具有自身的特殊性，这跟公共艺术的本质特征和内在结构有关。在前面有关公共艺术的概念和特征等章节中已经指出，公共艺术区别于其他艺术形态的最本质特征在于“公共性”和“公众性”，这是公共艺术的精神之所在。

正因如此，才让人们体验到它“为生活而艺术”的真谛。公共艺术以其“亲民性”而对改善大众生活品质有所助益，在某种意义上它超越了物质形体本身，更多地体现出观察者、使用者的体验感受。强化公共艺术的审美体验也正凸显了公共艺术的独特内涵。

公共艺术品的创作不仅仅是“设计”，也不仅仅是“服务”，它还伴随着强烈的情感体验，这种以强烈的情感体验为基础的公共艺术，不断推动着艺术从宗教神坛、高高的庙堂、贵族的雅玩乃至博物馆的收藏走向世俗、走向大众、走向日常生活，与城市大众的公共空间和日常生活融为一体，对“为生活而艺术”做出有力的新阐释。可以说，公共艺术的产生和兴起，推动了日常生活审美化（艺术化）的进程，加速了艺术和生活的融合，在消解着传统艺术的贵族趣味、庙堂气息和精英意识的同时，也以一种更加亲民化的方式改善着城市大众的精神生活水准，呈现出自身的独特魅力。

（一）艺术与生活的日益交融

公共艺术其实是艺术介入生活的一种重要形式。前章已指出，公共艺术的产生和形成并非一个孤立现象，而是与特定的历史文化背景息息相关。现代艺术带来的观念巨变，以及城市化进程提供了公共艺术实践的大好机遇，环境意识的觉醒，市民社会和公共领域的形成，全球经济一体化的推波助澜等，都让公共艺术与现代市民生活日益交融。

在人类历史上，艺术曾长期被宗教化、宫廷化和贵族化，艺术或被用来表达对宗教的虔诚信仰，或被视为享乐的对象、社会等级的象征、财富的标志，等等。进入工业化时期以后，现代主义艺术运动以其精英意识和先锋精神，大大消解了传统艺术对于宗教、政治、伦理等其他文化领域的附庸性，加速了艺术作为一个独立文化领域的形成。然而，现代主义艺术实践也暴露出艺术家过于追求自我的个性化表达，并标榜艺术的无功利性，强调它不再与我们的日常生活和整体的直接利益具有任何直接的联系，以致脱离民众、轻视民众，从而妨碍了艺术与民众日常生活的有机联系，这在某种意义上又极大地压缩了艺术的生存空间和生命活力。

但在现代主义艺术阵营内部，同时又酝酿着重新走向生活的“后现代转向”。自从 1895 年维尔德提出“艺术与生活真正结合”的憧憬，到未来主义艺术家提出“我们想重新进入生活”的纲领，现代主义艺术阵营内部的某些流派一直进行着艺术向生活转化的努力。1950 年可以被视为分界线，纽约现代美术博物馆举办了题为“在你生活中的现代艺术”的展览。从此以后，艺术与日常生活便发生了更紧密的关联，尤其是波普艺术以其“通俗的（为广大观众设计的）、短暂的（短时间解答的）、可消费的（容易忘记的）、便宜的、大批生产的品质”，成为大众文化的同谋。然而，现代主义的先锋艺术仍是“艺术化的反艺术运动”，在这种精英艺术试验的内部，是不可能实现审美方式“生活化”根本转变的。

自 20 世纪 70 年代始，当代欧美“前卫艺术”又以另一种“反美学”（Anti-aesthetics）的姿态，走向观念（conceptual art，即观念艺术）、走向行为（perform-ingart，即行为艺术）、走向装置（installation art，即装置艺术）、走向环境（environment art，即环境艺术），也就是回归到了日常生活世界。这种“反美学”所反击的是康德美学传统，因为按照康德美学原则建构起来的审美领域与功利领域是绝缘的，它必然要求割断纯审美（艺术）与其他文化（非审美）领域的内在关联。在这种传统美学视野内，美和艺术的长处就在于其不属于任何实际的（如日用）和认识的（如科学）领域，但行为艺术和装置艺术恰恰要进入生活实用领域。

总之，当代前卫艺术在努力拓展自身的疆界，力图将艺术实现在日常生活的各个角落，从而将人类的审美方式加以改变。在这种“艺术生活化”的趋向中，艺术与日常生活的界限日渐模糊。这也就是美学家阿瑟·丹托所专论的“平凡物的变形如何成为艺术的问题”。

艺术家对艺术向日常生活方面的探索在当代公共艺术领域获得了大显身手的机会。随着城市化建设和政府对公共艺术政策的扶持，艺术家日益和设计师、建筑师等工程技术领域的实践者结盟，甚至直接完成自身角色的嬗变，而成为设计师之一员，参与到城市的公共艺术设计和建设中来。于是，我们看到，户外装置艺术直接进入城镇的街道上或郊区的亲水空间，一些所谓的公共艺术不断地蔓延在各地新建公共建筑的周边空间中，各地公有闲置空间陆续再利用为开放性艺术展演空间，与社区总体营造相关的所谓城市或乡镇的多样性艺术节也陆续在各地隆重推出，在一些商圈周边的广场或人行道上，也出现了一些年轻人自发的街头表演。可以看出，艺术不光介入日常生活空间，也逐渐变成人与人、人与环境互动的媒介。

（二）公共艺术与日常生活的审美化

公共艺术介入日常生活的直接后果就是日常生活的审美化和艺术的日常生活化。日常生活的审美化首先受到人文社会科学领域的中外学者们的注意，英国学者迈克·费瑟斯通（Mike Featherstone）在 1988 年 4 月的一次讲演中，就曾辨析过日常生活审美化的三种表现形式：其一，一战以后出现的达达主义，先锋派和超现实主义运动，以及其他类型的亚文化、区域文化和民族文化，一方面是消解了艺术作品的神圣性，造成经典高雅文化艺术的衰落；另一方面是消解了艺术与日常生活之间的界限，导致艺术可以出现在任何地方和任何事物之上。其二，生活向艺术作品逆向转化，每个人都梦想生存在一个艺术作品般的世界之中。其三，当代社会日常生活经纬的符号，毫无疑问都表征了审美、艺术向日常生活大举进军的后现代现象，它与启蒙运动以后将科学、艺术、道德等领域逐一分立出来的“现代性精神”是恰恰相反的。

德国学者韦尔施发现：“城市空间中的一切几乎都在整容翻新，购物场所被装点得格调不凡，时髦又充满生气。这股潮流长久以来不仅改变了城市中心，而且还影响到了市郊和乡野。差不多每一块铺路石、所有的门窗把手和所有的公共场所，都没有逃过这场审美化的新浪潮。”国内学者陶东风结合自己对当代中国城市文化的观察，认为所谓的日常生活审美化或审美的日常生活化（审美泛化），主要是指当代社会审美活动已经超出所谓纯艺术 / 文学的范围，并渗透到大众的日常生活中。一些新兴的泛审美 / 艺术门类或审美、艺术活动，如广告、流行歌曲、时装、电视连续剧乃至环境设计、城市规划、居室装修等占据着大众文化生活中心。审美 / 艺术活动更多地发生在城市广场、购物中心、超级市场、街心花园等与其他社会活动没有严格界限的社会空间与生活场所。在这些场所中，文化活动、审美活动、商业活动、社交活动之间不存在严格的界限。从上述学者的论述可以看出，日常生活的审美化虽有相当丰富复杂的内涵，但其主要领域可以概括为产品审美化（工业产品设计）和环境审美化（如环境设计、城市景观设计）两项内容。环境的审美化正是他们得出的重要依据。而环境审美化则是公共艺术介入日常生活的一个必然结果。

这里首先要区分一下日常生活与非日常生活。所谓“日常”的生活，就是日复一日的、普普通通的、个体享有的“平日生活”，每个人都必定要过日常生活，它是生存的现实基础。如果说，日常生活是一种“无意为之”的“自在”生活，那么，非日常生活则是一种“有意为之”的“自觉”生活，它是指以社会为基点，主要属于社会领域，具有不断进步性和开创性的政治、经济和文化活动的总和。可以说，日常生活和非日常生活并不是两个互不相关和彼此隔离的生活领域，而是人的生活中两个彼此重叠和各有侧重的层面和部分。这就是说，在人的整个生活中，那些私人领域的部分既属于日常生活，又渗透着非日常生活的成分。

那么，公共艺术是如何介入日常生活，推动了日常生活审美化的呢？主要是通过介入日常生活的空间和时间，承载大众的心理经验等方式来实现的。

公共艺术是促成每一个人与世界及与他人“相遇”的媒介，作品自身孤立的美感反而不是它的重点，而是开辟了一个让都市大众进行异质交流的时空条件。当大众在市民广场、购物中心、街心花园、地铁站欣赏到那些风格各异的公共艺术作品时，就会获得一种别样的情感体验。

（三）公共艺术对审美本质的独特呈现

公共艺术所造成的环境审美化以及日常生活的审美化，加深了我们对于审美本质的理解。从某种意义上说，它就是对审美本质的当代呈现。人们往往单纯从外表的效用方面来理解工业所产生的对象性的存在（工业产品），而没有把它同人的本质力量联系起来，只认为传统的艺术才是人的本质力量的现实性。这是一种错误的偏见，日常生活审美化作为人类社会实践的必然产物，是一本打开了的关于人的本质力量的书。

李泽厚将日常生活中的美首先归结为“整个人类生长前进的过程、动力和成果”。他认为：“它们集中体现在形式美中，通过人的劳动操作和技术活动去把握、发现、展开和理解的形式美（各种形式结构，各种比例、均衡、节奏、秩序等），本质上是人类历史实践所形成所建立的感性中的结构、感性中的理性。从这个角度去把握日常生活审美化的意义，就会发现，这种形式的力量（亦即人类‘造形’的力量），在高度发达的现代科技工艺中，便当然呈现得最为光辉灿烂、炫人心目了。形式美在这里呈现为技术美，呈现为庞大的物质生产和产品中的美。作为人类普遍性的造型力量，技术美正是美的本质的直接披露。美之所以是自由的形式，不也正在于通过技术来消除目的性与规律性的对峙，以达到随心所欲，恢恢乎游刃有余吗？”李泽厚以一个哲学家的睿智和敏感，超前把握住现代科技工艺与美学结合的趋势，他的这些诞生于20

年前的真知灼见，至今仍闪耀着理论的光辉。

从审美价值来看，工业产品和环境中的美丝毫不逊色于纯艺术中的美，它们之间并不存在精英主义者所标榜的尊卑高下之分。宗白华就曾倾心于实用的、物质的工具器皿中的生命意蕴。他认为：“在中国文化里，从最低的物质器皿，穿过礼乐生活，直达天地境界，是一片浑然无间，灵肉不二的大和谐、大节奏，这是中国人的文化意识，也是中国艺术境界的最后根据。”相较于纯粹的精神文化而言，工业设计、公共艺术所造就的日常生活审美化以合规律性和合目的性的统一为最高追求，通过实用因素、经济因素和审美因素的完美结合来提高大众的物质和精神生活水准。它不是沉溺于虚幻的精神世界王国的玄思冥想，而是把审美性牢牢地扎根在现实生活的土壤中，使人们获得物质和精神的双重福利，并在新的时代背景下使人们重新发现了被“遮蔽”的艺术审美活动与技术活动的天然联系。

两千多年前的墨子说过：“故食必常饱，然后求美；衣必常暖，然后求丽；居必常安，然后求乐。”这里包含着人类由实用生存走向审美的朴素辩证法。美国心理学家马斯洛（A. H. Maslow）更是系统提出了人的需要层次论。他认为人的需求有七个层次：生理需求、安全需求、社交需求、自尊需求、认知需求、审美需求、自我实现的需求。这些需求具有层次递进的性质，当某种需求满足后，它就不再成为某种行为的推动力。如果把马斯洛的需求层次论跟经济学界提出的经济形态理论结合起来，就会对日常生活审美理解得更加深刻。研究经济审美化内在动因的美国普林斯顿大学教授卡尼曼（Daniel Kahneman）认为：“迄今为止，人类经济发展历程表现为三大经济形态。第一是农业经济形态，第二是工业经济形态，第三是大审美经济形态。所谓大审美经济，又称体验经济，就是超越以产品的实用功能和一般服务为重心的传统经济，代之以实用与审美、产品与体验相结合的经济。人们进行消费，不仅仅是‘买东西’，更希望得到一种美的体验或情感体验。”

在农业经济时代，人们曾长期挣扎在生存线上，为解决温饱问题而奔波忙碌；在工业经济社会，人们开始“以经济建设为中心”，明白了“发展才是硬道理”，追求效用、速度、GDP，开始了工业化的加速发展；而在即将跨入的大审美经济时代，则凸显了实用与审美、产品与体验的结合，以人的审美需要和自我实现为旨归。在体验经济（大审美经济）时代，人们在日常生活中、在商品消费中要达到过去只有在艺术中才能得到的体验。美国经济学家斯坦利·莱波哥特在《追求幸福：20世纪的美国消费者》中说道：“消费者在琳琅满目的街边集市采购，他们只是为了最终获得各种他们所需要的体验。”以艺术设计（包括公共艺术设计）为主体的日常生活审美化所揭示的意义正在于：人类的需要具有从生存、发展到自我实现的层次性，但却不是相互割裂、互不关联的。随着社会生产力的发展，人们的物质性满足已成为现实以后，人们有权利追求更高的精神需求，也不再把现实生活看作仅仅满足实用生存的物质需要，而是可以在物质性的生存活动中融入审美体验、精神需求，重新恢复了物质生产和精神文化的原初性联系。这时的审美活动就不是一种绝对的和现实拉开距离的“审美静观”，而是完全可以和生活本身融为一体。从这个意义上来说，日常生活审美化标志着人们的社会形态正在进入一个新的时代——大审美经济时代。而我国提出的全面建设小康社会，构建社会主义和谐社会等发展目标中，显然也包含着日常生活审美化这一重要内容。

作为日常生活审美化表征之一的公共艺术，正以前所未有的力量影响着人们的社会生活。对于这一正在进行中的审美事实，李泽厚有着极为中肯的评价：“不必去诅咒科技世界和工具本体，而是要去恢复、采寻、发现和展开科技世界和工具本体中的诗情美意。如果说，手工艺术的世纪中曾经有过诗和美，古代直观科技中有过诗和美，那么大工业生产的工具本体就没有可能渗入情感（心理）本体的可能吗？就不可能恢复工艺——社会结构中的生命力量和人生情味吗？”

公共艺术的出现显然给我们提供了一个观察、体味审美本质的新平台，在对公共艺术的创作、欣赏过程中，其潜移默化地影响着社会公众，使其审美趣味和审美能力的审美功能也得以凸显。

第二节 城市公共艺术的社会组织功能

公共艺术的社会组织功能主要体现在公共艺术活动的社会效用上，一件优秀的公共艺术作品，能够引起人们内心的共鸣，唤起人们内心尘封已久的记忆，给人们带来启迪与思考，这种心灵上的契合与共振，正是公共艺术社会组织功能的具体体现。

一、纪念与颂扬——公共艺术社会组织功能的主要表现

公共艺术的社会组织功能首先集中表现在大量以纪念和颂扬为主题的作品中。纪念是人类对自身历史发展中经历的主观刻画和描述，这种主观性是以客观经历为依据，根据记录者所处的社会文化背景及使用的认知方法的不同，而体现出不同的价值倾向。在纪念性公共艺术中，通过对历史的记录可以看到不同时期对历史纪念性事件的评价。这种纪念性作品的作者，会根据本身的审美取向和艺术价值观使作品产生不同的风格和表现手法，在作者背后是他所处的更深层次的社会文化背景和政治因素，在影响着作品的价值评判和历史地位。人类自古以来就有着对英雄人物壮举的崇拜情结，并以此超越简单平庸的日常生活，这在远古的图腾崇拜与大量的神话和英雄传说中得到鲜

明体现。而纪念性雕塑则是这种人类社会意识的延续和见证，因此在古代时期大量的纪念性雕塑反映的主题，都是君王和宗教等非同寻常的人物。

纪念性公共艺术的造型语言，由于其主题非常明确——歌颂和怀念，所以采用的手法也都以美化和夸张为主，在歌颂和赞扬的同时表现出被纪念主体的崇高和威严。纪念性主题雕塑不仅能给人一种强烈的视觉冲击力，而且也能引起人的心理强烈震撼，崇拜之情油然而生。而崇拜是纪念性主题雕塑必备的功能，这在古今中外大量的纪念性雕塑作品中得到广泛运用。

公共艺术作品往往具有鲜明的意识形态特征和价值指向，如苏联大型综合体艺术雕塑就开创了一种宏大、磅礴的艺术风格。十月革命后，苏维埃人民委员会颁布了著名的《纪念碑宣传法令》，由此掀开了苏联兴建纪念碑艺术的风潮。在严酷的卫国战争时期，苏联大型艺术形式起着特殊的作用，由于处在特定的战争时期，爱国主义和英雄主义成为压倒一切的主题，尤其是雕塑和壁画，被作为宣传的武器，并涌现出一批鼓舞人心的作品，如《保卫列宁格勒》《希特勒和拿破仑》《从前这样，将来也是这样》三块高浮雕就安置在涅瓦河大街的炮兵阵地上，战争和艺术的特殊结合赋予了艺术特殊的宣传意义。另外还有立于莫斯科高尔基大街的大型宣传画《祖国母亲在召唤》、伏尔加河边竖立的《狠狠地打》等，壁画则有莫斯科喀山火车站的《1917 年 10 月》等。

“二战”结束后，烈士陵园、公墓、战争纪念设施的建设，为纪念碑综合体在 20 世纪 60 年代的大规模发展提供了创作的舞台。这些公共艺术的特点首先是规模宏大，例如《胜利广场纪念碑综合体》中的剑形纪念碑。《斯大林格勒战役英雄纪念碑综合体》更是规模巨大，主雕《祖国——母亲》高达 101 米，是世界上最高的无依托人物雕像。其次是综合性的艺术形式，在艺术形式上，不仅有雕塑（圆雕、高浮雕、浮雕），而且建筑物、历史遗迹、壁画、文字等所有能够体现艺术效果的手段都在雕塑综合体中发挥作用。再者是科技手段对雕塑综合体的支持，雕塑综合体的高大体量、复杂的结构都需要技术和工程人员的大力支持。总体来看，这些纪念碑综合体展现了苏联人民在反法西斯战争中可歌可泣的丰功伟绩，起到了铭记历史、缅怀先烈、教育民众、升华心灵的社会功用。

同样，墨西哥壁画也是特定历史时期艺术与社会紧密结合的典范。20 世纪初的 20 年间，正值墨西哥风云变幻的社会革命时期，1911 年，以“强硬手段”统治人民的迪亚斯政权倒台，马德罗成为新的总统，但时间不长，在 1913 年的政变中，马德罗被推翻，之后，维克托利亚诺·乌埃尔将军又建立起独裁统治，再次引起了国内革命，直至 1917 年通过新宪法。但是代表地主和民族资产阶级利益的卡兰萨政府试图在掌权后扑灭革命斗争，又激化了新的革命怒潮和农民战争，这场战争以代表革命派的奥布雷贡将军的胜利而告结束。

在这种背景下，以里维拉、奥罗斯哥、西盖罗斯为首的战士画家们认为，画家们的目的并不仅仅限于启蒙任务，作为数年前手中还拿着枪打过仗的人，他们认为艺术是为革命理想而斗争的强有力的新武器。于是他们选择了壁画这一被认为是“重炮”的艺术样式，以独特的浪漫、象征及表现主义的艺术手法，深刻地关注和反映了全民族文化历史的沧桑变幻及其文化伦理与价值观念。在这些宏伟壮阔的壁画艺术中，对20世纪初期人类面对的社会、政治、科学、生命、种族、宗教、文化殖民、民族战争等重大的社会问题，予以强烈的关注，对相关问题予以哲学性的思考和艺术的表现。尤其以一种世界性的艺术语言，去表现墨西哥近现代文化史中西班牙的征服及殖民历史，以及墨西哥土著印第安文明、本土混合型文化的强大生命力，使得墨西哥壁画运动发展，成为始于19世纪中期的欧美浪漫主义文化艺术的重要里程碑。在诸如里维拉创作的《创造》(1922)、《玉蜀黍节日》(1923—1924)、《十字路口的人类》(1934)、《墨西哥的历史》(1929—1935)，奥罗兹柯的《美洲的文明》(1932)、《战壕》(1926)，西盖罗斯的《新民主》(1945)的巨幅壁画中，强烈地感受到20世纪上半叶墨西哥壁画艺术在社会公共领域中的文化教育与推动作用。在30余年的壁画艺术实践中，形成艺术家先后在剧场、礼拜堂、大学、政府宫、教育部大楼、国家宫、音乐学院、国家美术馆等公共建筑上的壁画创作，使得墨西哥近现代艺术作为在美洲首先成功地把欧洲艺术改造为本土化艺术形式的伟大先例，永远载入世界艺术史册。墨西哥壁画运动，一方面体现了有社会和文化责任感的知识阶层，力图鼓励广大民众加入公共社会集体中，并使之成为关心和推动社会进步与发展的主体的愿望，客观上它已创造了新时期墨西哥史无前例的崭新的“社会文化”景象。另一方面，墨西哥壁画运动也达到了把艺术奉献给广大民众，让艺术服务于民众，并充分发挥艺术的社会作用的目的。苏联电影导演谢尔盖·爱森斯坦曾这样评价墨西哥壁画：“正是墨西哥壁画给20世纪的绘画注入了积极的社会鼓动艺术的新鲜血液……西盖罗斯的作品绝妙地证明，一个真正卓越的艺术家首先是伟大的社会思想家及对伟大思想深信不疑的追随者。这种信念愈强，这个艺术家就愈伟大。”

需要指出的是，当代公共艺术的社会组织功能突破了以华丽、高贵、神话、宏大的语言来表现的固有模式，在主题上更加关注整体民主性和广泛的影响性，纪念的核心也由英雄主义个人转向了更广泛的群体，出现了以记录性、真实性、记忆性为构成因素的表现形式。

二、个性的社会化——公共艺术社会组织功能的社会心理学路径

公共艺术的社会组织功能虽由公共艺术本身的社会属性来决定，但这种社会组织

功能不是无缘无故实现的，而是有着自身的发生路径。正如我们在第四章中所分析，公共艺术在“个性—社会”横轴上能促进各种社会力量、社会共同体的产生和形成，进而推进个性的社会化。个性的社会化，是公共艺术社会组织功能的社会心理学途径，它使得公共艺术的审美功能、享乐功能、净化功能转向社会属性，在与教育、评价、认识等其他功能意义的统一中，能够更好地发挥公共艺术的社会组织功能。

在社会学理论看来，人的社会化是指人接受社会文化的过程，刚刚出生的人，仅仅是生理特征上具有人类特征的一个生物，而不是社会学意义上的人。人是社会性的，在群体文化支配下存在的生物个体。只有度过一个特定的社会化期，接受社会教化才能慢慢成为社会性的人。

而个性的形成与发展，主要是受一个人所处的社会物质生活条件和所受教育及所从事的各种社会活动影响，社会化对个性的形成起着重要作用。每个人都有自己的个性特征，虽然在正常的社会化过程中也存在个性之间的差异，但都必须符合社会价值标准，而不能超越这个范畴。但在艺术审美领域，允许在社会价值标准的范畴内信马由缰地展开审美想象。而这审美想象的创造和体验，都是纯洁和无私的。这在康德的《判断力批判》中得到深刻的揭示：“趣味是凭借完全无利害观念的快感和不快感对某一对象或其表现方法的一种判断力。”审美体验的无私性在于个人利益和社会利益的完全交融，这时候，个人即社会，社会即个人。在这种无我的审美体验中，即使审美关系同功利关系相对立，也必须放弃个人利益，兼顾社会利益，使自己本身的生活获得超越个体的意义。因此，审美在极其广泛的含义上具有社会意义。

审美关系的无私性包含着人的审美社会化和艺术社会化的“秘密”，审美体验的无私性并不意味着它毫无效用，只是这种效用并非功利效用，而是社会精神效用。人往往通过审美加入形形色色的社会关系中，这些关系体现在审美价值和艺术价值中。因此，把人对社会的审美关系客观化和最大限度地凝聚起来的艺术，是个性社会化不可替代的因素。它以最隐秘的线索把个性和社会联系起来，作用于人的行为的最私密的方面。同时，通过掌握审美价值和艺术价值而参与到形形色色的社会关系中来的时候，个性本身的主权没有受到任何限制，而相反，这种主权得到发展并且在精神上丰富起来，特别重要的是，这种参与是完全自由的。

不过，艺术和人的社会化之间的区别，不仅在于实现社会化的方式（最为无私、自由的方式），而且还在于个性利益和社会利益相互联系的形式，以及人的意识、行为和活动的外部调节和内部调节的相互关系。法律在国家这种社会共同体的范围内调节人的行为，道德规范把属于各种社会阶层的人们联系起来，而艺术虽然在阶级社会里具有阶级性，但却能够使个性在社会这个共同体中，吸收全人类的价值。因此，艺术的个性社会化功能应着眼于全人类价值。

就公共艺术这种类型而言，其社会组织功能更是在个性的社会化过程中得以体现。正如耶鲁大学哲学系教授卡斯滕·哈里斯在分析纪念碑等纪念性公共艺术时所指出："这类艺术具有特殊的精神功能，它把我们从日常的平凡中召唤出来，使我们回想起那种支配我们作为社会成员的生活的价值观，它召唤我们向往一个更好的、有点更接近于理想的生活。"为什么一个民族要在最为重要的地点，如城市中心广场为作出杰出贡献的先驱者留出空间？因为面对城市广场中的纪念碑，市民不仅会想起自己的祖先，而且也会想到先他而去的几代人，想到民族的杰出人物，想到那些为了祖国而战斗并牺牲的英雄们。"铭刻碑文的纪念柱，不仅令生者记住了牺牲了的英雄，而且还会通过感悟牺牲了的英雄的生命意义来思考自己生命的意义。生者不只是记住英雄，还会把英雄当作榜样，继承英雄的遗志，使自己的生命活得更有意义。"

通过审美体验这种自由的、个性化的活动，公众不仅能够领悟到公共艺术的审美价值，同时也加速对共同体的知识、规范、价值的认同和归依，从而实现公共艺术的政治价值和伦理价值。这些价值在公共艺术作品中是水乳交融地结合在一起的，而公共艺术的社会组织功能正包含在这种个性社会化的心理建构过程中。

第三节　城市公共艺术的文脉表达功能

一、公共艺术传播城市文化形象

城市的文化形象是城市的社会、政治、经济的整体反映，而城市的文化形象则是在不断变化的社会环境中逐渐确立的，城市文化与其形象延续是相辅相成的，其文化的延续性和继承性使城市形象具有了稳定性和特征性，而文化形象的积淀和保存又使城市的文化进一步强化。

而公共艺术作为一种艺术形象载体，在传播城市的文化形象时，通过多种载体形式将城市形象及特征潜移默化地传播，城市形象的成熟更加明确了公共艺术传播文化形象的功能性和策略意义。我国在快速的建设和发展当中，城市的建筑和规划使得部分原有的历史古迹遭到破坏，使很多具有城市特征的标志物受到削弱，而为了加快城市化进程，大量城市建筑崛起，使得城市千篇一律，失去了原有的文化特色和形象。而公共艺术作为一种文化载体和媒介，将城市的文化融入其中并将其升华，使其具有了表达上的功能性。同时，公共艺术的形式使城市的文化形象集中地表达出来，提高了城市的文化品质和城市情怀。

西安市作为中国知名古都之一，其历史文化脉络源远流长，具有深厚的历史底蕴和独特的形象特征。而大雁塔是强烈蕴含西安历史文化脉络的标志，今天采用了具有新技术特征的光雕公共艺术表现形式，将大雁塔的历史形象重新做了诠释。光雕以具有鲜明唐代特征的玄奘西行的历史作为背景内容，结合现今的全息投影等成像方式将其与历史建筑大雁塔相结合，融入大量的中国传统的标志性元素，以一种全新的公共艺术形式，将中国的传统文化形象表达出来，使其不再具有距离感，其震撼和生动的表现形式使传统的文化形象更加深入人心，更具传播性。

唐人街作为在各国充分展现中国文化形象的公共空间，无不充斥着具有强烈文化形象特征的公共艺术。而因唐人街极具代表性，所以其中的文化形象特征也具有高度的概括性，集中体现了中国特征，削弱了更为细化的地域、年代等所带来的差异变化。其高度的概括性也使得文化形象特征更为明确，龙、凤、中国红等元素都成为公共艺术中最具有代表性的中国文化形象。而牌楼更成为唐人街中最具代表性的也是最必不可少的公共艺术，其强烈的形象特征已经产生了视觉上的功能性，更加鲜明地传播了中国的文化形象。

二、公共艺术承载城市记忆

一座城市的记忆是城市的形成与发展过程，体现了城市的演变进程和精神脉络，是城市记忆的永恒存在。城市记忆在传承形式上依托于具有历史特征的建筑、街道、历史事件等有形或无形的载体。而公共艺术作为承载城市记忆的有效途径和关键策略，因其公共性、直观性、形式丰富性、互动性，在形式上能够主动地继承城市记忆中有形或无形的特征。

公共艺术中明显区别于其他艺术类别的公共性特征，决定了其作为承载城市记忆最有效的策略和方式。公共艺术在承载城市空间中的记忆时，能够完整且立体地将其中的内涵和情感表达给公众，在更广泛的范围上承载城市记忆，并与公众产生情感上的互动，引起记忆上的共鸣。而公共艺术中丰富的表现形式使城市记忆以不同的形式表现出来，展现城市记忆的历史性，记录正在发展着的城市记忆。广场中的大型雕塑以庄严的形式展现了城市记忆中的历史与文化，公园中的景观环境展现了人们生活的城市记忆。不同的公共艺术展现不同层面的城市记忆，而公共艺术承载城市记忆也是其自身功能和职责的体现，也是其重要的设计策略。

位于西雅图的先驱广场作为西雅图城市记忆的见证，其中最具有代表性的是位于Ave 街上的图腾柱原住民酋长的雕像和纪念消防战士的雕塑。这是先驱广场甚至是整个西雅图历史发展的象征。图腾柱是 19 世纪 90 年代被偷运到西雅图的，后因大火辗转几次最后又回到了西雅图，它虽是印第安部落的纪念象征，但是也成为西雅图历史发展中的一部分，早期作为西雅图的一部分已经对公众产生了深厚的公共性影响和情感位移。现作为公共艺术作品重新出现在先驱广场，其带来的心理上的情感纽带，在虚体空间上带给民众新的情感升华，是作为历史文脉最重要的体现。原住民酋长——席尔斯酋长的雕像作为公共艺术作品出现，赋予其公共性特征，是在重申西雅图的历史感，将地区具有悠久文化历史的优越感传达给公众，与公众在心理上对归属感的需求达成共鸣，在空间上明确了公共空间的历史意义。建立消防员纪念雕塑是为了纪念在西雅图发生的对市区产生了重大影响的一场火灾中奋勇救援和英勇就义的消防员们。地面上的残垣断壁，奋力参与救援的消防员的身影组成了这一雕塑形象。整个雕塑以一种象征意义传达了消防员互相团结合作、视死如归的坚定信念，地上的残垣断壁也作为一种纪念形式以悼念倒在废墟中的英雄们。将历史事件以一种情景还原的方式再次呈现在大家面前，以唤醒民众对于历史的认知，唤醒民众对于过去的缅怀。将公共艺术的公共性和城市记忆通过公众精神层面的虚体空间传达给大众，以赋予雕塑真正的社会责任感，并将历史空间中对地点的回忆传达出来。

位于澳大利亚维克多港的公共艺术作品《被占领的领域上》由两个大风竖琴、风叶片和风力记录仪组成。其作品的创作来源于探险家在此海湾上的故事，提及了之后英国对于此地的立场，这不仅是对故事中探险家的纪念，更代表了对这块土地上发生的城市记忆，该作品成为该地区纪念跨文化关系的重要标志。此公共艺术作品的推出不仅代表了具有历史意义的、展现城市记忆的纪念性作品，而且具有社会性影响，如在此作品下举办的活动都会成为此公共艺术社会性的一部分。

三、公共艺术提升城市环境品质

一个城市的综合环境品质取决于城市中的多种环境因素，包括设施功能环境的品质、城市社会环境的品质、城市精神环境的品质、城市自然环境的品质等。随着社会的发展，城市环境的品质成为城市发展的首要关注点，城市环境的提升能够给公众带来幸福感和精神的满足感，能够提升人们的适应性，进而进一步提升整个城市建设的经济环境和社会环境。而公共艺术高度的公众参与性和其公共性特征，能够充分地将作品中的寓意大范围地进行传播，真正的城市环境品质的提升取决于公众的自身体会。从公共艺术的角度而言，其价值在于公众的高参与度与情感共鸣，而从城市环境的角度而言，其意义又在于城市的优质环境和城市与民众情感上需求的共存。

公共艺术中对于城市品质的提升不仅仅在于景观、绿化的完备，更在于使公共艺术与城市的空间环境及民众的需求相契合，以达到感性与理性、物质与精神、环境与人的和谐共存，现代城市环境只有宜居，才能是理想化的公共环境。而公共艺术的精神与物质相融合的呈现方式，以及人们对于情感归属的需求，形成了城市中公共艺术独有的精神情感特征，达到了城市环境品质的提升。

例如，设立在北京南锣鼓巷地铁站的《北京记忆》，其形式以老北京的生活场景为元素，表现老北京人的生活风俗，使南锣鼓巷的车站环境具有浓重的地域人文色彩，其强烈的特征性使经过的行人无不产生强烈的代入感和归属感。整个公共艺术作品是由许多个透明单体组成的，每个单体中都储存了具有鲜明老北京特征的物件，展现老北京当年的生活气息，像种子一样将老北京的情怀散播到整个空间环境中，以此引起强烈的情感共鸣。其主题和形式强调了城市的文化特征，丰富了车站的内部空间，通过虚拟空间上的互动也提升了城市空间的环境品质。

四、公共艺术促进社区交流氛围

城市经济的迅速发展，导致城市内部的社区结构和人际交往模式发生了变化，原有的群体交往模式逐渐淡化，人逐渐开始以个体的形式出现。原有社会中人和人的交流除了基于社会活动外，还依托于公共空间中的氛围和基调，而这一切是由依托于建筑、设施、雕塑等可引发互动契机的公共艺术形式组成。在 20 世纪 80 年代以前的老式建筑，其建筑模式含有大量的公共空间，如公共厨房、公共连廊、公共过厅等，这些公共场所给人们提供了有利的交流互动空间。但随着社会主流意识的转变，人们更加注重私密性和独立性，因此在居住建筑群里的公共交流空间逐渐减少，人们的生活环境更为独立，社区交流也更为贫乏。而公共艺术的介入则能够更加具有针对性地丰富社区的交流氛围。公共艺术的公共性特征能够充分将空间中的互动交流氛围带动起来，社区里的小型雕塑、公共设施、绿化设施等公共艺术形式都可以促进社区的交流氛围，人们不再以独立的个体出现，开始与周围的环境相互融合、相互促进，环境氛围得到改善。促进社区交流氛围作为公共艺术设计的手段和措施之一，也充分地体现了其自身的功能和使命。

例如，泰国班桑岩（Baan San Ngam）公寓中的居住景观，其配合整个泰国的环境和季节特点，将整个水系完整地分布在园区当中。而为了配合园区周边浓密的红树林和大面积的针叶林与林木后大面积丘陵的整体环境，园区内设置了很多不同的生态要素，如模拟周边的大海、沙丘、沼泽及大量植被等自然环境。园区内不仅引入了不同的植物、景观、纹理，还将自然界中的自然变化引入其中，使其不再是死板的景观环境，而是富有层次感。通过设置大量的景观和设施等公共艺术形式，形成了具有公共性和私密性的公共空间，在满足个人需求的基础上，推动了社区空间里的交流和互动，实现了公共艺术对于社区空间交流的促进作用。

五、公共艺术构建宜居生态环境

城市化进程的加速，公众更加注重回归自然，回归生态，林林总总的摩天大楼，使得城市中的色彩更加地单一，构建宜居的生态环境，不管是回归自然、追求环保，还是展现人性化关怀等方面都是人们未来必然追求的方向。而公共艺术作为艺术的一种表现形式，其最大的优势就是能够更加直观地向公众展现其作品想要表达的信息和思想，并且能够最大范围地展现其自身的功能及作用。在公共艺术设计时应与构建宜居生态环境充分结合，使得公共艺术的功能更加完整，以此更好地满足公众对于生态环境和审美意识之间的需求平衡。而公共艺术的传播性，能够让公众更加直观地感受到其中所传达出的更深层次的对于宜居和生态的追求，同时也能唤醒公众的生态环境意识，进而起到导向作用。

公共艺术作为城市环境中的艺术形式，不是独立存在的，在设计形式上要与周围的环境相融合，与城市的特征相融合。这就要求既要实现其与公众情感上和意识上的互动，满足公众对生态的需求，又不能脱离现实环境。

例如，位于湖北襄阳中华紫薇园中的景观雕塑装置。中华紫薇园位于襄城区，紧靠大型水库，园区内采取围合式的布局，并有小组式的特色小园区分布其中。中华紫薇园借鉴了深圳华侨城、西安曲江新区和洛阳隋唐文化园的建设，以汉水文化、岘山文化、园林文化为根基，体现文化内涵，诠释历史文脉，将园林景观与旅游级公园相结合。

广场上林林总总的紫色立柱雕塑，以一种波浪式渐变的形式出现，模仿了城市中高楼林立的景象，在立柱中加入灯光，使其在夜晚中透出的光亮像城市中的夜晚灯光，通过意象转化的方式，将城市中冰冷的建筑与园林中的山水意象结合，以达到完美的过渡。借鉴当地的汉水文化、岘山文化、园林文化，将其视为城市文脉的传承方式，将三种文化融入园林建筑设计之中，讲求“传承”主题，将山、水、情结合，充分体现了中国古代时期当地的文脉风情，也通过这一设计理念实现了生态环境与公共艺术的结合，从而达到了真正的宜居目的。

六、公共艺术提升城市公共设施品质

公共设施是城市建设中必不可少的一部分，而将公共艺术的艺术形式与公共设施的功能性相结合是提升城市品质的重要策略，是整个城市发展成熟的重要象征，是其进步程度的重要标志，也是重要的物质基础。随着城市的发展，公共设施也在不断地变化，其种类、功能、服务范围也在不断地完善，设计的呈现方式也在不断地艺术化，不断地更新着城市的风貌和品质。

公共设施除了公共艺术基本的观赏、装饰、互动、规划布局使用功能等基本功能以外，最重要的是其城市历史、地理、民俗等文脉的体现。在不同的象征意义引导下，公共设施具有不同的表现力，不同的呈现方式和不同的功能形式。公共设施的使用功能根据其类型的不同而不相同，但主要功能是为民众提供便利，是具有公共性特征的公共艺术形式。从宏观上进行把握，公共设施除了最重要的使用功能外，还起到规划布局的作用，对空间环境的布置方式进行规划，通过形态和数量上的变化，以排列组合的方式对不同功能的空间进行划分。

如芝加哥位于人行道上公共空间中的座椅造型，它是现代建筑和老式建筑群体间的过渡，使用了树冠和叶片等形象进行抽象化设计，树冠的结构和景观的细节体现了这个具有悠久历史的城市从过去到现代的发展过程，展现了现代活力，深色铁艺的使用在表现特征上也在诉说着芝加哥的历史。座椅的设计使原先只是空白的位置具有了一定的目的性和功能导向性，满足了周围职业人群的需要。叶片状的路灯与座椅相呼应，具有在广阔沙漠中看到一叶绿洲的既视感，为民众放松身心提供了需要。

再以西来古镇灵水古榕景区的导视系统为例。位于四川省蒲江县的西来古镇是具有强烈佛教思想特征的古镇，与佛教有着很深的渊源，禅也成为西来古镇的主要文脉特征。灵水古榕的导视系统，遵循人与自然和谐共处的理念，在材质、颜色、字体等选择上都遵循着禅意。讲求尊重自然，在设计上力求与周围环境相契合，在材质的选择上也运用更加贴近自然的材质、半腐蚀状态的铁板和原始的防腐木，在加工过程中尽量避免复杂的加工方式，以求最自然地呈现，在表面符号设计上也使用最具地区文脉特征的佛教元素、榕树形态和簸箕形态。

第五章　公共艺术在城市景观设计中的应用研究

第一节　城市广场景观设计

广场作为城市空间的重要组成部分，是一个城市的象征。随着城市的发展，广场作为城市的公共活动空间越来越被人们重视。人们在此休闲、娱乐、交际、集会。同时城市广场也使得城市更加美丽，更加有趣味。一个规划设计好的广场可以成为一座城市的标志，因此城市广场景观规划设计在整个城市规划中占有不可或缺的地位。

一、城市广场概述

（一）广场的演变

从古希腊的集会场所逐步发展到现代化的城市广场，经历了1000多年的时间。广场随着时代的发展而不断发生变化，不同时期城市广场具有不同的特征。广场的空间功能从最初古希腊时期的复合功能逐渐发展为现代城市广场的单一、专项功能，广场的空间形式也逐渐从封闭、规则式向开放、自由式发展。

（二）城市广场的定义

从广场发展历史演变看，城市广场随着时代的发展而不断发生变化，在不同的历史时期有着不同的概念。当代城市广场可定义为：由人工边界（建筑物、道路、构筑物等）、自然边界（河流、绿化等）等围合而成的具有一定的社会生活功能和主题思想的城市公共活动空间，广场区域由多种软硬质景观构成，以步行交通为主。因此，城市广场是城市公众生活的中心，是集中反映社会文化和艺术面貌的公共空间，人们可在此进行集会、游览及休息等户外活动。

（三）城市广场的类型

城市广场从性质与功能上，可以分为市政广场、纪念广场、商业广场、文化休闲广场、交通广场和集散广场六种类型。

1. 市政广场

市政广场是用于政治集会、庆典、游行、检阅、礼仪、传统民间节日活动的广场。大城市的市政广场及其周围以行政办公建筑为主，中小城市的市政广场及其周围可以集中安排城市的其他主要公共建筑物。市政广场具有强烈的城市标志作用，例如罗马市政广场。

2. 纪念广场

纪念广场是用于纪念某些重大事件或重要人物的广场。纪念广场中心常以纪念雕塑、纪念碑、纪念性建筑作为标志物。纪念广场要求突出纪念主题，此类广场应既便于瞻仰，又不妨碍城市交通，例如美国 9・11 纪念广场。

3. 商业广场

商业广场是指专为商业贸易建筑而建，供居民购物或进行集市贸易活动的广场。商业广场大多数与步行街相结合，使商业活动集中，它既方便顾客购物，又可避免人流与车流的交叉，还可供人们休憩、交流、饮食等使用，例如上海浦东证大大拇指广场。

4. 文化休闲广场

文化休闲广场主要为市民提供良好的户外活动空间，满足人们节假日休闲、交往、娱乐的功能要求，兼有代表一个城市的文化传统、风貌特色的作用。此类广场是城市中分布最广泛、形式最多样的广场，例如济南泉城广场。

5. 交通广场

交通广场是指有数条交通干道的较大型的交叉口广场。其主要功能是组织和处理广场与其所衔接的道路的关系，同时可装饰街景。交通广场是城市中必不可少的设施，它的主要功能在于其交通性，例如大连中山广场。

6. 集散广场

集散广场是城市中主要人流和车流集散点前面的广场。其主要作用是为人流、车流提供足够的集散空间，具有交通组织和管理的功能，同时还具有修饰街景的作用。集散广场绿化可起到分隔广场空间以及组织人流与车流的作用，同时为人们创造良好的遮荫场所，提供短暂逗留休息的适宜场所。集散广场也是一种将实用与美观融为一体的广场，例如上海新客站南广场。

二、城市广场景观设计原则

（一）整体性原则

城市广场作为城市景观的一部分，首先要做到与城市整体环境风格相协调，体现和展示城市的形象和个性；其次要做到功能的整体性、明确的方向性和方位的可判断性，明确广场在城市整体景观中的地位和作用。

（二）规模适当原则

在设计城市广场时，应该根据它的地理位置、主题要求、使用功能等来赋予广场合适的规模。宜大则大，宜小则小，不能贪大求全，否则会造成设计不科学、不切实际甚至是铺张浪费的后果。

（三）地方特色原则

城市广场的地方特色包括社会特色和自然特色。一方面，城市广场的建设应继承城市当地的历史文脉、民俗文化，突出地方特色，融入民间活动；另一方面，城市广场还应突出其地方自然特色，即适应当地的地形地貌和地方气候等，以此体现地方山水特色。

（四）以人为本原则

在城市广场设计中提倡以人为本，主要是从人的角度出发，重视人在广场中活动的体验和感受，突出对使用主体的关怀、尊重，创造出满足多样化需求的理想空间，以满足不同人群的生理和心理需求。

（五）方便性、可达性原则

城市广场的步行环境宜无机动车干扰，无视线盲区，夜间有足够照明，满足使用者的方便性需求。城市广场的交通流线组织要以城市规划为依据，处理好与周边道路的连接关系，以增加其可达性。

（六）生态性原则

城市广场的建设在设计阶段就应该通盘考虑，结合规划地的实际情况，从土地利用到绿地安排，都应当遵循生态规律，尽量减少对自然生态系统的干扰，或通过规划手段恢复、改善已经恶化的生态环境。

三、城市广场景观设计内容与方法

城市广场景观的规划设计首先要明确广场的性质与选址，然后在此基础上进行广场的空间与交通组织。在明确广场的空间结构和交通关系后，再对广场内的雕塑、铺装、水景、植物等景观进行细部设计。

（一）城市广场定性与选址

1. 确定广场性质与主题

进行城市广场设计时首先要给广场定性，即判断其属于市政广场、纪念广场、商业广场、文化休闲广场、交通广场和集散广场中的哪一类。

广场的性质受周围建筑功能的影响，例如在政务中心区附近就会有市政广场，带有一定象征意义。在商业中心区附近就会有商业广场，为购物者提供休憩空间，在居住区附近也会有小型的居住区广场，为居民提供方便的交往空间。因此，在广场设计前要先对广场周围的环境进行一定的了解，使广场与周围环境相协调，以此提升吸引力。各类广场自身的性质与功能不同决定其布局特征的不同。同时，还要根据广场的类型来选择一个明确的主题。虽然现在的城市广场空间呈现出多样化、复合化的功能特征，但是有一个明确的主题是广场成功的要点之一，每个广场应根据其自身的地理方位、形状和交通状况等确定各自的主题。虽然广场在使用时，功能不仅仅局限于它的主题，但是明确的主题能够体现广场自身的特色，避免使它们流于平庸和雷同。

2. 广场的选址

广场性质和广场的选址是相互影响的，所以，广场的定性和选址实际上是交叉进行的，并没有绝对的先后次序。广场的选址布局有些普遍适宜的考虑原则及依据。

（1）“微偏心”原则

尽管广场的位置是由城市的发展变化而定的，但观察城市的发展进程之后发现，广场始终位于城市的核心位置，城市级中心广场位于全市的核心区域，而区级中心广场则定位于区中心。

大型广场定位于城市的核心区域，并不意味着一定要占据城市核心区域的绝对中心，而是要结合旧城的状况，遵循一种“微偏心”的原则。适当避让旧城中心，使中心昂贵的地价得以更充分地发挥。同时，广场的选址又不宜相距过远，应位于绝对中心的一侧或边缘，形成与中心商圈既分又和、功能上相互支持补益、空间上相互对比均衡的格局。如上海人民广场偏置于城市中最繁华的南京路、外滩、豫园一带的西侧，位置恰如其分，正吻合了“微偏心”的原则。

（2）“吸引点”原则

一般来说，广场并不是依靠场地自身而吸引人，它的吸引力来自周围建筑和附属物等形成的能够聚集人气的魅力。城市中存在着一些以不同功能和特色来吸引人流的场所或区域，可称为“吸引点”，这些“吸引点”包括城市的商圈、文娱中心、行政中心、风景区以及其他具有活力的空间。在这些“吸引点”附近兴建的广场会因为周围环境而吸引更多的人加入。

（3）广场可达性

可达性会直接影响广场的使用频率，因此在进行城市广场选址时应当充分考虑广场建成之后的外部交通状况，以确保其具有良好的可达性。高度可达性依赖于完善的交通设施，应当优先解决地面交通、地下交通的组织及其转换，同时明确广场周围的人流、车流之间的关系，做好分流规划。此外，为增加广场的可达性，还应充分利用公共交通，以缓解广场周围的交通压力。

随着城市的汽车拥有量日益增大，在进行城市广场选址时还需要充分考虑到大量的停车需求，这也在一定程度上影响着广场的使用频率，停车需求得不到满足，人们就会减少对该广场的使用。由于广场地面空间有限，可以采用地下停车场的方式，充分利用地下空间，提升整体空间的利用效率。

（4）广场防灾性

为了应对自然灾害和社会灾害这类城市灾害，城市中设立了越来越多的避灾防灾系统，而城市广场是其中的主要场所之一，在进行城市广场选址的阶段就应当考虑到其作为避灾场地这一功能。

当城市广场作为一级避灾场地时，其将成为灾害发生时居民第一时间紧急避难的场所，其服务半径不小于 500 m^2，场地面积应不小于 5000 m^2。在选址时，必须保证它与一条以上的疏散通道相连接。

当城市广场作为二级避灾场地时，其将成为灾害发生后用于避难、救援、恢复等建设活动的基地，往往是灾害发生后相对时期内避灾难民的生活场所，其服务半径不小于 2500 m^2，并能在一小时内到达，场地面积不应小于 50000 m^2。在选址时，必须保证其在各个方向上都有一条疏散通道，并且至少有一条二级以上的疏散通道与之相邻。总之，广场要选择在一个方便、使用率高并且舒适宜人的公共空间环境中，以延长人们的户外活动时间，提高户外活动舒适程度，满足人们休闲、娱乐、交往的需求，使人们获得更多的人文关怀。

（二）城市广场空间组织

城市广场的形成首先是要明确其空间范围，然后是在该明确的空间范围里进行细化设计。城市广场的空间设计是由不同次序、不同程度的空间组织来完成的。首先是形成广场的整体空间，包括限定广场空间和控制广场比例尺度；然后在此基础上对广场的内部空间进行细化设计，也就是对广场的“子空间”作出限定和划分。

1. 城市广场空间的形成

广场整体空间的形成是由广场周边要素的限定完成的，人们对城市广场的空间感知主要来自广场的空间限定和比例尺度这两个方面。

（1）城市广场的空间限定

限定广场空间的要素包括建筑、道路、植物、自然山水等。大部分欧洲的传统城市广场，其空间范围是用建筑围合而成的，如圣马可广场、圣彼得大教堂广场等。而现代广场更强调空间的开放性，其边界大多是道路和植物等，弱化了广场空间的围合度，如上海人民广场、莫斯科胜利广场等。

①广场与周边道路的关系。城市道路的规划将直接影响到广场的形态与边界，城市道路与广场的组合主要有四种方式。

②围合形式。广场的围合形式一般分为一面围合、两面围合、三面围合和四面围合这四类形式。

一面围合：仅一面围合的广场开放性较强，当规模较大时，可以考虑组织不同标高的二次空间，如局部上升或下沉。

两面围合：两面围合的广场空间限定较弱，常常位于大型建筑之间或道路转角处，空间具有一定的流动性，可起到城市空间的延伸和枢纽作用。

三面围合：三面围合的广场比前两者封闭感要强，具有一定的方向性和向心性。

四面围合：四面围合的广场封闭性极强，具有强烈的内聚力和向心性，尤其当这种广场尺度较小时。

广场的围合形式，并不能明确地比较出哪种围合效果好或不好。形式的采用是根据广场的功能、面积等具体情况而决定的，可以说它们各具特色。总体而言，三面围合和四面围合的广场是比较传统的，也是最常见的广场围合形式。古典城市广场的四周往往环绕着精美的建筑物。

③围合程度。城市中大多数广场都与周边的建筑和道路有着密切的联系。广场周边建筑的连续围合程度决定了广场的封闭程度。广场周边围合的建筑间距越大，进入广场的道路越多，广场的封闭性就越差，向心力就越弱；反之，则向心力越强。

城市广场并不是围合程度越强越好，尤其是在高楼林立的城市中，过强的围合程度容易给人造成一种置身井底的感觉。反之，如果一个城市广场四周是完全开敞的，那它的围合性和领域感就较弱。现代城市中大多数广场因现代城市生活形态的变化，在规划设计中，很少能像欧洲中世纪城市广场那样设计成围合度很高的空间，多数会设计成一面、两面或三面开敞的广场。为了增强当今城市广场的围合程度，设计师们往往利用道路和设置人工柱等手段来加以处理，并取得了良好的效果，例如波士顿市中心人工柱围合广场。

（2）广场比例尺度的控制

广场比例尺度并不是固定不变的，可以根据人们的视线感受和使用范围来进行具体设计。对广场比例尺度的控制主要包括广场自身的比例尺度和广场与周边建筑的比例关系两个方面。

①广场自身的比例尺度。为了防止广场的比例过度失调，美国一些城市对广场的尺度做了明确规定：城市广场的长宽比不得大于 3 ∶ 1，并且广场中至少有 70% 的面积位于同一高度内，防止广场面积零散；街坊内的广场宽度应在 10m 以上，这样才能使阳光直射到草坪上，给人带来舒适感。

塞特认为："广场的长宽比以小于 3 为宜，当广场的宽度适宜，而广场的长度过于延长的话，就会失去广场的感觉，这也就是广场与林荫道的区别。"例如，法国巴黎拉德芳斯大道以及北京奥林匹克公园大道。

②广场与周边建筑的比例关系。著名城市设计师卡米洛·西特（Camillo Sitte）曾指出，广场的最小尺寸应等于它周围主要建筑的高度，而广场的最大尺寸以不超过

它周围主要建筑高度的两倍为宜。当然这种比例关系也不是绝对的，可根据实际情况具体调整，广场与周边建筑的关系也影响着城市的尺度以及身处其中的市民的感受。

广场的尺度关键在于与周边围合建筑物的尺度相匹配，以及与广场内人的观赏行为活动的尺度相配合。广场的尺度要根据广场的规模、功能要求以及人的活动要求等方面因素而定。一个有足够美感的广场，应该是既有能使人感到开阔、放松的大空间，又有使人感到安全的封闭式小空间。假如广场过大并且与建筑界面关联感不强，就会给人模糊、大而空、散而乱的感觉，使空间可感知性微弱，缺乏吸引力。这时应该采取缩小广场空间等方法进行调整。

总之，良好的广场空间不仅要求周围建筑具有合适的高度和连续性，而且要求所围合的地面具有合适的水平尺度。当广场占地面积过大、与周围建筑的界面缺乏关联时，就不宜形成有形的、感知性较强的空间体系。许多失败的城市广场都是由于广场的比例失调造成的，比如地面太大，周围建筑高度过小，从而造成墙界面与地面的分离，难以形成封闭的空间，缺乏作为一个露天客厅的特质。

2. 城市广场的内部空间组织

当广场空间尺度较大时，为了避免人在其中产生空旷、冷漠的感受，就应该对广场的空间进行划分，形成一系列相互联系的“子空间”，这样既可改善人们在广场中的空间体会，也可提升广场的利用率。

（1）广场“子空间”的限定

广场“子空间”的限定应当使其与广场整体空间形成既分又和、灵活多变的关系。“子空间”若过于封闭，则广场的空间整体性、连贯性丧失，使用者感到局促压抑，广场中的群体与群体、活动与活动之间的交流被阻隔。因此，不能够简单采用大尺度硬质界面围合的方式。广场的“子空间”的具体限定要素有以下几种。

①建筑物或其他人工设置物。包括广场中的建筑物以及亭、廊、柱列、标志物等。

对此类设置物的布局不仅要考虑其在广场中的功能作用，还应着重分析其布局位置对于“子空间”限定的积极或消极作用。对广场来说，一个边界很规整的空间并不是很理想的用地形状，但是通过空间的划分，使它转变成多个互相联系的小空间，使每个空间都有各自“凹凸”的边界，空间就会变得丰富多彩。

②乔木、灌木、矮墙与花池。植物与建筑不同，是一种软质的界面，用其分隔、围合空间会有自然、通透、悦目的效果。乔木最为高大，其茂密的树冠对于广场“子空间”可以形成良好的控制。灌木、矮墙与花池较为低矮，可以有效地限定空间、阻隔人的行动，但不遮挡人的视线，还能够增加广场园林式的意境。不同类型、不同高度的植物在广场的空间组织上起着不同的作用。

③广场水平界面的升与降。水平界面的下沉使空间形态独立、四角严实、边界明

确，具有典型的“图形”性质。其独特的界定方式增强了空间的围合感、场所的领域性，并使其从广场空间的系统中显著地分离出去，免受视线与人流交通的干扰，从而提升了空间的品质。水平界面的提升虽然不能使空间直接获得围合，但提升部分的侧界面对其周围空间实现了间接的限定。

（2）广场“子空间”的内部划分

广场“子空间”的内部划分是一种空间的弱限定，由广场中的铺装图案、草坪、水面等平面构图要素完成。此外，还可以在“子空间”中通过行为活动的安排、个人空间的组织、特定功能主题的设置，起到进一步占有、控制、限定或划分空间的作用。在“子空间”内部设计时要注意空间划分适当，不宜琐碎，并且与大空间之间要有联系，应以“块状空间”为主，“线状空间”不适宜活动的展开。

（三）城市广场交通组织

广场的交通有多个相关影响因素，除了要满足广场选址时所提到的对广场外部交通的可达性、防灾性要求之外，还应考虑广场内部的交通组织，合理进行广场内的人车分流和人流疏散。

1. 人车分流

在进行广场内部交通组织时应尽量不设车流，或少设车流。但随着城市交通不断发展，有时为了缓解广场周边的交通压力，不得不让车辆穿越广场。因此，我们需要对广场内的人流、车流进行组织，在不影响城市交通的情况下，保证广场中人的活动。为了达到这一目的，可采用以下三种设计方法。

第一，使车流通过广场部分的道路下沉，将广场空间还给步行者。这种设计可以使广场的整体感不被破坏，更利于形成广场的整体景观效果。

第二，在人行道与机动车道的交会处，将人行道局部下沉，避让机动车。这种设计方法不利于保证广场的整体感，容易使广场的使用面积比实际面积看起来小一些，并且在一定程度上割裂了广场中机动车道两侧行人的沟通与互动。但是，机动车道在广场附近交会较多的情况下，这种设计方法可以使交通更加顺畅。

第三，建人行天桥。人行天桥的局部可以扩大形成景观平台的效果，使之功能多样化，让游人视野更开阔，可以俯视更远的空间，同时也使空间层次更加丰富。

2. 人流疏散

广场内部人流的疏散应考虑以下四个方面。首先，要设立明确的标识系统，使人群在进入广场之后容易找到出口方位。其次，通往各个出口的交通要顺畅，在人流较大较急的方位可适当加宽通道，以缓解短时间内产生巨大人流量造成的交通压力。再次，在距离入口稍微远一些的地方可以设置一些休息、停留的设施，并同时放置一些明显可辨的标志物，这样既可以作为人们的休息空间，又为在城市广场入口处不慎失散的行人提供一个较为便利的相聚点。最后，在广场附近设立便利的公共交通站点，快速疏导人群，防止人群在广场中过多聚集。

（四）城市广场景观的细部设计

1. 广场色彩设计

色彩是人类视觉审美的核心，作为城市公共空间的广场，色彩是用来表现城市广场空间的性格和气氛、创造良好空间效果的重要手段之一。同时，广场色彩不仅与周边建筑环境相协调，还与城市的文化、地域特色息息相关。恰当的色彩处理可以使空间获得和谐、统一的效果，有助于增强空间的整体感、协调感。

（1）色彩构成要素

城市广场的色彩要素很多，有植物、建筑、铺装、水体、人物、雕塑、小品、灯饰、天空等。例如植物景观的设计，以观赏为主的则要注意树木四季色彩变化，如春季观花、秋季观叶的色彩搭配，以衬托背景为主的则以一种色调为主即可。再如广场照明的设计，光源的选择应考虑季节的变换，冬天宜采用橘红色的光，使广场带有温暖感，夏天宜采用高压水银荧光灯，使广场带有清凉感，等等。

（2）色调选择

根据色彩学相关研究，色彩与人的特定心理反应具有一定关系，不同的色彩给人以不同的心理感受和相关联想。在进行广场的色调选择时，需考虑不同色彩给人带来的心理感受与该广场的功能、性质等是否相符合。

从空间整体感受上，在纪念性广场中不能有过分强烈的色彩，否则会冲淡广场的严肃气氛。如南京中山陵纪念广场，以蓝色的建筑屋面、白色的墙体、深绿色的苍松翠柏为背景，肃穆、庄重而又不失典雅、明快。商业性广场及休闲娱乐性广场则可选用较为温暖而热烈的色调，使广场产生活跃与热闹的气氛，加强广场的商业性和生活性。如上海南京路步行街商业广场，布置酱红色的大理石铺地、座椅，蓝色的指示牌和电话亭，色彩鲜艳，简洁明快，活跃了广场的气氛。

在空间层次处理上，下沉式广场采用暗色调，上升式广场采用较高明度与彩度的轻色调，具有沉得更沉、升得更升的感觉。在广场色彩设计中，如何协调和搭配众多的色彩元素，不至于色彩杂乱无章，造成广场的色彩混乱，失去广场的艺术性。

2. 广场雕塑设计

雕塑是供人们进行多方位视觉观赏的空间造型艺术。古今中外，著名的广场上面都有非常精彩的雕塑设计。有的广场是因为雕塑而闻名的，甚至有的雕塑成了整个城市的标志和象征，可见雕塑在城市广场景观设计中的重要地位和作用。它不仅依靠自身形态使广场有明显的识别性，增添广场的活力和凝聚力，而且对整体空间环境起到烘托、控制作用。广场雕塑一般是永久性的，大多数使用大理石等石材和青铜等永久性材料制作。广场雕塑是一个时代精神的体现，其留存时间少则数百年，多则上千年。其内容一般都与历史人物、特殊时间有所关联，具有一定的纪念性。另外，广场雕塑的风格应该与广场周围的建筑环境相一致。根据广场雕塑的不同功能和作用，可将其分为纪念性广场雕塑、主题性广场雕塑、装饰性广场雕塑和陈列性广场雕塑。

广场雕塑的设计包括视觉要求、平面布置和材料选择三个方面。

首先，在视觉要求方面，由于广场雕塑是固定陈列在广场之中的，它限定了人们的观赏条件，所以一个广场雕塑的最佳观赏效果必须事先经过预测分析，特别是尺度和体量的研究、最佳观赏角度的选择以及透视变形和错觉的矫正。较好的观赏位置一般在距观察对象高度的 2 ～ 3 倍远的地方，如果要将对象看得细致些，则应前移至距对象 1 倍高度的位置。

其次，广场雕塑在平面布置上包括中心式、丁字式、通过式、对位式、自由式和综合式 6 种形式，设计中应根据需求选择合适的布局形式。

最后，广场雕塑在材料的选择上，要考虑其与广场环境的关系，注意相互协调和对比关系，因地制宜，选择最合适的材料以达到良好的艺术效果。

3. 广场铺装设计

对城市广场而言，有别于城市公园绿地的一个重要特征，即城市广场的硬质景观较多（约占广场面积的一半，甚至更多），因此，广场铺装是广场景观设计的一个重点，是广场的基础。广场铺装最基本的功能是为市民的户外运动提供场所，并通过不同的形状、尺度、材料、色彩、肌理、功能等设计，对广场进行美化装饰和空间界定等，从而适应市民多种多样的活动需要。

（1）铺装形式

广场铺装一般分为复合功能场地铺装和专用场地铺装两种形式。复合功能场地是广场铺装的主要部分，一般不需要配置专门的设施，也没有特殊的设计要求。专用场地是有某种特殊功能的场地，比如儿童游乐场、露天表演场地等，要使用适宜儿童游戏、活动或露天场所使用的材质、色彩进行铺装，在设计或设施配置上往往都有相应的要求。

（2）铺装材料

广场铺装的材料较多，比较常用的有花岗岩、广场砖、青石、平面板铺地石、毛面铺地石、磨砂亚光铺地石、鹅卵石、砂子、混凝土等，要根据广场空间的具体功能和特征选用合适的材料进行铺装。尽量选用透水性较强的材料，以减少地面径流，广场铺装还要考虑到防滑、耐磨以及有良好的排水性等因素。

（3）设计要点

广场铺装的设计包括功能需求和视觉要求两个方面。

从广场的功能来看，其主要是供人们行走、休息、活动、观赏的场地。如供行走的广场铺装形式以引导人的流动方向为主，具有一定的导向性，常以条状、块状石块铺设。供活动、观赏、休息的地面铺装则应考虑人们在其中的活动需求，铺装以平坦的方式铺设。另外，广场铺装还要同时满足排水坡度的要求，以便顺利地将广场上的雨水排出，以保证地面的干净整洁。

从视觉角度出发，广场铺装主要考虑美观，以铺设图案为主，常可以将整个广场或广场中某个空间作为整体进行图案设计，切记在一个广场中不要有多个不同的且过于复杂的图案，那样容易造成由多个广场拼接组合的感觉而失去广场的凝聚性。铺装图案宜简洁，重点区域稍加强调，便于统一广场的各要素和增强广场空间感。有时同一图案重复使用也可取得一定的艺术效果，但在面积较大的广场中亦会产生单调感，这时可适当插入其他图案，或用小的重复图案再组织起较大的图案，使铺装图案更为丰富。

4. 广场水景设计

水是自然景观中“最典型的要素”。人类对水有特殊的感情，在城市广场中布置水景，不论是从人的感受还是从环境改善角度以及从空间构成角度都具有很大作用。水是一种特殊的材料，它既不同于绿化的软，也不同于铺装的硬。宋郭熙在《林泉高致》中指出：“水，活物也，其形欲深静，欲柔滑，欲汪洋，欲回环，欲肥腻，欲喷薄……”因此，水体是城市广场景观设计元素中最具吸引力的一种，它极具可塑性，并有可静止、可活动、可发音、可映射周围景物等特性。概括起来可分为以下两种形式。

一是以观赏水景的各种姿态为主，其他一切设施均围绕水体展开。如美国旧金山莱维广场由美国设计师哈普林于 1980 年设计，将水的各种动态景观组合到广场中，喷泉由一系列高低错落的种植池和水池组合而成，水在各层之间跌落、流淌，一条汀步引导人们参与其中。整套水景组织了静水、流水、落水、跌水、涌泉与喷泉等多种水景，这既丰富了空间景观又串联了多个空间领域，使整个广场显得生机勃勃。二是场地内设计的水景，这也是构成广场要素的重要内容之一。国内外有许多广场是利用地形地貌修建而成的，有滨海广场、滨江广场、滨湖广场等。如大连星海广场，与大海连为一体，使人感到面临大海，心胸开阔；沈阳五里河公园广场将广场一侧引入河水中，给人以触手可及的感觉。再如意大利圣马可广场，该广场一侧紧邻威尼斯大运河，为人们提供了亲水的极佳环境。

5. 广场植物景观设计

植物景观是城市生态环境的基本要素之一。作为软质景观，植物是城市空间的柔化剂，是改善城市环境最方便、最快捷的方式之一。通过植物景观种植设计所创造出的纹理、密度、色彩、声音和芳香效果，可以极大地促进广场的使用效果。城市广场的植物景观设计要综合考虑广场的性质、功能、规模和周围环境，在综合考虑广场功能空间关系、游人路线和视线的基础上，形成层次丰富、观赏性强、易成活、好管理的植物景观空间。

（1）植物景观的比例与布局

广场的绿化比例随广场的性质不同而有所不同。一般来说，公共活动广场周围宜栽种高大乔木，集中成片的绿地不小于广场总面积的 25%，并且绿地设置宜开敞，植物配置要通透疏朗。车站、码头、机场的集散式广场宜种植具有地方特色的植物，集中成片绿地不小于广场总面积的 10%。纪念性广场的植物景观应该有利于衬托主体纪念物。

植物景观布局时应考虑广场的性质与区域。商业广场多以规则式种植并采用大块面积的布置方法，如大草坪、小树林。而休闲娱乐广场则可采用自然式、组合式等布局方法。除此之外，广场周边的自然元素也影响到植物景观的布局，如外围有影响视觉的元素（杂乱的货场等），则应在其相邻的区域布置密林以遮挡，当有良好的景观资源时，则以开敞为主，以达到借景的效果。此外，由于我国位于北半球，四季分明，为使广场做到冬暖夏凉，应在广场的西北处布以密林，以遮挡冬日的西北风，东南则以低矮开敞的树木为主。广场内部植物的种植应从功能上考虑，起空间分隔和围合作用的植物景观可进行多层次复合种植；小空间植物种植可考虑运用季相多变、色彩艳丽的乔灌木，以吸引人们驻足休息。下沉广场多选择分枝点较高的树木，人们穿过时能看到广场的不同部分。

（2）广场的植物选择

植物选择首先应遵从适应性、乡土性原则，广场大多在城市中心或区域中心，车多，污染严重，选择适应性强的乡土树种，利于生长；其次要考虑以乔木、灌木为主，藤本、花卉为辅的原则，通过组合搭配增加植物景观的种植结构；再次是选病虫害少、污染少的树种，如悬铃木树冠虽好，但其产生的飞絮污染环境，应尽量减少在城市中使用；最后，在树种选择上还应遵循速生树与慢生树结合、落叶树与常绿树结合、季相变化与多样性原则。

6. 广场配套设施

广场并不仅仅是一个空旷的场地，为了使人们有一个良好的户外交往空间，使广场能够达到预计的使用效果，配套设施也是必不可少的。其中包括休息设施、标识系统、照明设施、服务设施和无障碍设计等。

（1）休息设施

休息设施对于人们驻足休息、交谈、观望、观演、棋牌、餐饮等休闲活动是必不可少的。要创造良好的公共休憩环境，最简单的办法就是为人们提供更多更好小憩的场所和条件，设计时详尽分析场所空间质量和功能要求是安排休息设施的基础。休息设施的设计要满足以下三个要求。一是利用“边缘效应”，人们普遍喜欢坐在空间的边缘而不是中间，因此应在边界处适当位置设计休息和观光的空间。二是提供交往空间，座椅的设计不仅要便于人们休憩，同时还要为人们提供一种交往的可能。三是提供景观空间，视野在人们选择“坐”的位置时也起着重要作用，无阻挡视线以观察周围活动是人们选择的决定因素之一。

（2）标识系统

标识系统的主要功能是迅速准确地为人们提供各种环境信息，帮助人们识别环境空间，它是广场中传达信息的重要工具。广场中出现的标识主要有：指示标志（如方向、场所的引导标志）、警告标志（如危险标志等）、禁令标志（如禁烟、禁烟火等标志）、生活标志（如电话亭等）、辅助标志（如停车场的“P”和厕所的“WC”标志）等。

（3）照明设施

夜间照明设施对于延长广场的使用时间、提高广场的使用率有着十分重要的意义。在进行照明设计时，要注意灯光选择要根据不同的照射物（如小品、雕塑、喷泉等）而有所不同。绚丽明亮的灯光可使环境气氛更为热烈、生动、欣欣向荣、富有生机，柔和轻松的灯光则可使环境更加宁静、舒适、亲切宜人。在配置光源时，应避免使光线直接进入人们的视线范围。同时，为避免产生侧光炫目，可选择可控制眩光的灯具或挑选合理的布光角度。另外，要根据环境特点设置光照强度，以此决定灯的功率和灯柱高度。在设计中可根据灯具的具体用途来控制使用时间，照明设备应设置开关。

（4）服务设施

广场内的服务设施主要包括服务亭、公厕等。

①服务亭。服务亭可分为商业性服务亭和公共性服务亭，具有方便人们需求、占地面积少、移动灵活等特点。一般服务亭应设在广场中的明显位置，但不能妨碍行人通行。服务亭的造型要别致，还要具有提示性作用。

②公厕。广场公共厕所建筑面积规划指标为每千人（按昼夜最高聚集人数计）建筑面积 15 ~ 25m^2；广场中的公厕可以是固定型的也可以是临时型的。公厕选址在路线设计上要保证其易于到达，路线不应变化太多，并且道路要平坦，要有一定宽度以

便老年人及残疾人的使用。外观上要易于识别，周围配置一定的植物，使其不会显得过于突兀。

③其他服务设施。为了便于开展各种观演活动，有的广场还会设置永久性的或临时性的舞台、乐台，这类活动需要控制背景噪声和干扰噪声，同时自身也不能成为周边地区的噪声源。应该通过竖向、建筑、绿化等的合理设计，围合一定的僻静区域。舞台的朝向应该避开居民区和其他敏感区域，观众区最好是碗状地形的草地，后部筑绿化堤隔声。

（5）无障碍设计

无障碍设计是现代设计体现人性化的重要内容之一。障碍是指实体环境中残疾人和丧失能力者不便及不能利用的物体和不能通行的部分区域，无障碍设计即为残疾人和丧失能力者提供和创造方便、安全、舒适生活条件的设计。无障碍环境包括物质环境、信息环境和交流环境，因此，无障碍设计主要是从以下四个方面展开设计。

第一，针对视像信息障碍。对于盲人及视力低下的人群，应简化广场中的行动线，以保证人行空间内无意外变故或突出物。强化听觉、嗅觉和触觉信息环境，以利于引导行为（如扶手、盲文标志、音响信号等）。加大标志图形，加强光照，有效利用反差，强化视觉信息。

第二，针对听觉障碍。患有听觉障碍的人群一般无行动困难，但是对他们而言常规的音响系统无法起到提示效果，设计时可采用传统的各类标识牌作为辅助，在有条件的地方还可以使用电子显示屏。

第三，针对肢体残障造成的障碍。设计时需要加大道路尺寸以满足通行所需的宽度，要求地面平坦、坚固、防滑、不积水，无缝隙及大孔，在有高差的地方需设置坡道来实现无障碍交通。同时洗手间的设计也要在形式、规格上符合乘轮椅者和拄拐杖者的使用要求。

第四，针对老、幼、弱、孕等人行动时的障碍。设计时应尽量消除不必要的高差，在有高差处要使高差明显化、易辨认，地面铺装要注意防滑。

第二节 城市商业街景观设计

一、城市商业街景观中公共艺术应用的现状研究

（一）城市商业街景观中公共艺术的类型

在众多的艺术形式中，公共艺术所涵盖的形态和领域都相当广泛。在城市商业街

的景观设计中，公共艺术可以被分类为短期或长期的、动态或静态的、具体或抽象的、具有特色的雕塑小品或互动体验装置，以及大范围或小规模的，具有创新性或装饰性的；可以是张扬的、内敛的、具有纪念意义的、光彩夺目的、富有趣味性的、艺术性的、流行的或带有特定主题的，等等。

无论是哪一种形式的公共艺术，它们都具有显著的公共特质，都是专为城市商业街的景观设计的，它们都是与景观环境紧密相连的公共艺术作品。

1. 动态式公共艺术与静态式公共艺术

根据各种不同的影响变量，可对城市商业街内的公共艺术形式进行分类。根据公共艺术的表现方式，可以将城市商业街的公共艺术景观划分为动态和静态两大类。城市商业街中的动态式公共艺术涵盖了如互动表演艺术、行为艺术以及动态综合公共艺术等多种形式。静态式公共艺术主要指雕塑作品以及壁画作品。动态式的公共艺术形式更容易赢得公众的喜爱和好评，并经常带来可观的商业回报。

因此，在商业推广和宣传活动中，动态的艺术手法经常被采用，这不仅有助于大众之间的分享和传播，还能吸引更多的关注并提高收益。在当代社会发展背景下，城市商业空间也开始逐渐走向开放化和多元化的方向，因此需要更加重视对其进行合理有效的利用和管理。光影艺术也是城市商业环境中一种具有动态性的公共艺术形式。

相较于动态式公共艺术，静态式公共艺术能在城市商业街的景观设计中得到更为深刻的体现。静态式公共艺术是一种在城市商业街中长时间保持静态的公共艺术形式，或者说，它本质上就是一种静止不动的公共艺术形式。静态式公共艺术有许多不同的形式，例如在城市商业街上展出的雕塑、壁画和景观装饰品等，都是静态式公共艺术的一部分。从空间维度来看，静态式公共艺术可以被划分为二维的平面和三维的立体两种类型。所谓的二维平面公共艺术，是指在城市的商业空间平面中展示的各种公共艺术形式，例如绘画、涂鸦和海报设计等。

在城市的商业街区中，静态式公共艺术是一种常见的艺术展现方式。其独特的功能与美学特征使之成为现代都市不可或缺的组成部分。它在提升城市的商业氛围和塑造空间形象上扮演了不可或缺的角色。作为一种新型的展示方式，它可以使商品以独特而又新颖的造型吸引消费者的注意，它不仅为商业空间注入了独特的风格、高品质和特性，还为城市商业街创造了充满艺术、文化和趣味的景观，为人们提供了一种舒适的购物感受和令人愉悦的视觉体验。

2. 临时陈设的公共艺术与长期陈设的公共艺术

如果根据展示的持续时间来分类公共艺术，它们可以划分为两大类：一类是临时陈设性的，另一类是长期陈设性的。临时陈设性的公共艺术以其短暂的展示时间为特点，通常被用于城市商业街区的艺术展示或作为互动设备等，其主要目标是实现定期的盈利。长期陈设性的城市商业街则以其自身具有独特文化内涵以及与之相对应的主题风格而被大众熟知，一般用于对特定时间段内的商业氛围及人文气息进行营造。这种艺术形式是城市商业街在节日打折促销活动中经常可以见到的。

在城市的商业街区，公共艺术展览成了一种在商业环境中频繁出现的艺术交流形式。这类临时性的展示和布置的公共艺术不仅为观众带来了更多的快乐和趣味，同时也推动了大众在城市商业街区的流动和消费。大规模的百货商店会定期举行专题展览，将公众对专题的兴趣和喜好转移到商业场所，从而使广大民众通过长期的固定消费模式，形成习惯和依赖。此外，这种展示方法的公共性艺术提升了城市商业街的固有质量和水平，许多城市商业街采用这种方式来刺激大众的购买力，引导大众提高消费水平。节日期间的公共艺术，还可以营造一个愉快和舒适的购物环境，为消费者营造节日氛围，并促进商业空间的消费活动。

例如，在元宵节、端午节、中秋节这样的纪念活动或公众假期里，大型的百货商店和多功能商业区都会采用各种独特的展示手法来装饰、布置和创建一些充满活力与欢乐的空间，同时也会举办各种商业展览和商业文化活动。在商业街上，消费者不仅享受购物的乐趣，同时也推动了他们的消费行为。

（二）公共艺术在城市商业街景观中的功能与作用

1. 改善城市景观环境品质

公共艺术通过城市雕塑、壁画等多样的艺术形式，以及城市景观与公共设施的有机结合，旨在提升艺术的整体质量，进而塑造一个高品质的城市空间环境。在城市商业街的景观环境中，公共艺术的整体融合已经对原有的城市景观空间和文化价值体系进行了重新设计和整合，并创建了一个以人为中心的新型公共流动场所，从而提升了城市商业街的景观环境质量。

2. 保存城市的历史与记忆

公共艺术是城市文化的一个核心部分，它以多种方式展现了不同地区的文化和城市特色。城市是人类文明的缩影，每个城市都具有自己独特而深刻的历史内涵，并由此形成了其特有的人文风貌，同时承载着当地丰富多样的社会经济文化信息。各个城市都拥有其独特的历史情感和文化沉淀，随着城市在不同时期的变迁和发展，都会涌现出许多引人入胜的历史故事和宝贵的文化创作，这些都是为了保留城市的历史记忆。这些古老的历史和回忆是城市在千年的发展历程中永远不会被抹去的印记，同时也构成了城市生活的核心驱动力。每座城市都有其独特的变迁，现代城市商业街上的公共艺术正在用其独特的吸引力记录和研究城市的历史进程和发展，并将这些历史和记忆融入城市的建设之中。

3. 增添城市的朝气和活力

公共艺术是一种存在于公共空间环境中的艺术形式，是一种让大众共同参与并致力于服务大众的艺术形式。随着现代科学技术的不断发展，各种先进技术也被应用到了公共艺术之中。在当前社会经济快速增长的背景下，人们的生活正面临着前所未有的挑战和困境。然而，公共艺术不仅有助于减轻人们在社会生活中的负担，还能为城市注入新的活力和生机。

然而，不是所有人都有资格参与公共艺术设计，这要求艺术家和设计师进行深入的市场研究，以深入了解公共艺术在城市商业街区景观设计中的政治、经济、文化和历史背景。同时还要考虑到大众对公共艺术的接受程度以及他们对公共艺术品的审美需求等因素，以保证公共艺术设计与公众的心理预期相吻合。只有采取这种方式，我们才能确保大部分公众能够享受到公共艺术作品，进而在公共艺术设计过程中维护大众的权益。

4. 促进人与环境情感沟通

在现代社会背景下，公共艺术已经变成了城市文化发展的核心部分，它为公众提供了一种新颖的交流和沟通手段，对于城市的商业街区来说，它是不可或缺的组成部分。因此，在进行设计的过程中，我们需要不断地促进与环境之间的情感交流，密切关注当地的历史和现状，并深入了解不同城市商业元素所传达的深层含义。如果公共艺术作品位于城市环境中不适宜的位置，那么它可能会对人与艺术以及人与环境之间的情感联系产生不良影响。

居住在城市里的居民应当珍视并喜爱他们所居住的各种空间环境。如果城市失去了与人们交流的机会，无法和谐共处，那么这将对公众的生活质量和公共艺术产生多方面的负面影响。因此，在城市的设计和建设过程中，我们应当高度重视场景的融合、场景所蕴含的情感、情感中的风景以及情感与风景的完美结合。我们应该更多地关心大众的价值观，向他们展现对生活、历史、经济以及人民的深切关心，并致力于促进自然与人类之间的和谐共生。

人们的情感是极其敏锐、神奇和丰富的，在很多情况下，它反映了人们内心的复杂和多变的想法。正是这种多样化的情感表达方式，在调节人们的心理状况方面起到了关键作用，使得人们的情感达到了平衡和稳定，进而满足了大众内在的需求。例如，在城市的商业环境中，人们逛街的主要动机不仅是为了购买物品，还有一部分人是为了体验这种轻松愉快的环境氛围，以此来减轻工作中的疲劳和压力，感受城市的变迁与美好。因此，合理地运用公共艺术不仅能促进人们与环境之间的情感交流，满足人们多样化的需求，还能提升城市商业街的人气。最关键的是，它能更有效地推动城市商业街景观的建设，将经济发展、文化氛围、物质和精神满足紧密地结合在一起，从而充分发挥公共艺术在城市商业街景观设计中的作用和功能。

（三）城市商业街景观中公共艺术的影响因素

城市商业街景观中公共艺术的发展和变迁，是受到社会多方面因素的综合影响。简要总结如下：首先，公共艺术的发展需要那些具备一定审美鉴赏力的人参与，他们的作品能否激发新的创意，这是决定公共艺术如何演变和进步的核心因素。其次，经济的持续繁荣和增长将对公共艺术产生积极的推动效果。公共艺术能够提高人们的生活质量，满足精神文化需求。公共艺术的安全和安置需要资金的支持，其中政府提供的公共资金与个人提供的私人资金不同，这种不同导致了对公共艺术价值的不同评估。最后，公共艺术的进步依赖于艺术与科技的双重驱动。在不同的历史阶段，艺术的风格和思维方式都会发生转变，以一种社会能够认同的方式影响大众的审美观念，这种审美的变化也将推动公共艺术领域的进步。

此外，在各个城市的地理空间中，商业街区的公共艺术风格各不相同，同时，不同地区的居民生活状况也存在显著的差异，这些差异对公共艺术产生了极为重要的影响。

1. 人文思想的影响

多年来，大众、社会和艺术家间的互动一直是艺术理论研究的核心议题。对于公共艺术创作者而言，这个问题具有更加深刻和长远的影响。公共艺术并不仅仅是艺术家个人的艺术成果，它更应被视为艺术家与整个艺术团体之间的一种公共艺术互动，是与大众进行沟通和共同合作的产物。在公共艺术家看来，这种活动本身就体现了对公共精神的追求。公共艺术家在进行艺术创作时，努力在艺术的独特性与公众需求之间寻找一个平衡点。

公共艺术作为一种手段，是群众与城市商业街区之间交流和展示其艺术魅力的途径之一。因此，公共性质的艺术创作不仅要展示艺术家们的艺术水平，还需要通过艺术的表达方式来帮助大众表达他们的需求。作为大众知识分子，艺术家有责任在精英群体中为大众发声，以减轻其在商业上的负担，并积极参与城市的公共服务活动。

2. 经济发展的影响

公共艺术的发展需要资金的注入。随着社会的不断发展，更多的资金被投入艺术创作中，尤其是针对公共艺术领域的创作。公共艺术的存放地点并不完全由艺术家决定，因此艺术家主要负责艺术创作，而政府或私人资本则主要为艺术家提供资金支持和帮助，这表明公共艺术在很大程度上依赖于资本。因此，在公共艺术领域，资本已经长时间占据了一个重要的位置。资金的注入直接决定了公共艺术作品的材料选择、主题呈现方式以及它们的存放地点。

城市的商业街区对公共艺术产生的变革和影响，其核心目标是增强公共艺术的商业潜力，并进一步推动商业街的经济增长。比如，在众多的城市商业街区的核心位置，经常会布置各种富有趣味性的公共艺术作品。这些公共艺术作品，能显著提升城市商业街区的整体品质，吸引更多消费者的关注，提升城市商业街的整体价值。

3. 大众审美的影响

随着社会进步的不断深化，艺术已经不仅仅是少数人所欣赏的艺术形式了。艺术在不同领域内得到了广泛的传播和推广，艺术分享的领域正在逐步向整个社会扩展。因此，人们对艺术的认知水平已经成为艺术家在进行艺术创作时不可或缺的考量因素。与此同时，公共美学逐步主导了公共艺术的发展轨迹，而公众美学的进步也标志着大众文化的诞生，这反映了文化形态从单一的启蒙活动向多元文化的转变。

随着大众审美观念的不断提升和进步，艺术也逐渐朝着更加世俗化的方向演变。不管是高贵雅致的艺术形式，还是深受大众喜爱的民俗艺术，随着后现代主义的演变，社会对交互性艺术的需求变得更为迫切。波普艺术是一种以“拼贴”为特征的艺术风格，它具有强烈的视觉冲击力和极强的包容性，被广泛运用到各个领域中。随着波普艺术的兴起，艺术逐渐成了一种潮流。大众逐渐追求个性的自由，并对审美产生了浓厚的兴趣。

随着时间的推移，公共艺术越来越贴近大众的日常生活并满足他们的审美需求。公共艺术的功能已经完全转变为大众的审美体验，这样的大众文化审美观念，逐步转变了以巨人英雄形象为核心的审美取向。

4. 地域文化的影响

地域文化的形成是基于各个地区的自然资源、当地的风俗习惯、历史背景和社会经济状况等多种因素，它是历史长时间演变的结果。地域文化不仅揭示了该地区的独特性，同时也展现了地方的公共艺术属性。公共艺术不仅是地方文化的有力载体，而且这种具有区域文化特色的公共艺术形式具有极高的教育价值。城市居民有机会通过与公共艺术的交互来深入了解当地的文化特色，这不仅丰富了人们的精神世界，同时也推动了公共艺术与城市商业街的深度结合，为其增添了深厚的文化内涵。

（四）城市商业街景观中公共艺术的特征

公共艺术的显著特征具有强烈的视觉冲击、多样的艺术形式以及丰富的艺术创作形式。在城市商业街的景观设计中，公共艺术的显著特点主要体现在其文化性、协调性、包容性以及互动性等方面。

1. 文化性

在城市商业街的景观设计中，公共艺术主要以其文化性为显著特点。在艺术创作中，无论是采用传统手法还是现代手法来呈现和传达，都应当深深植根于当地的文化传统、当地的风俗习惯以及历史的独特性。这样可以确保不同的城市、文化背景和商业街区都能展现其地域文化特色，从而让城市居住者在商业领域中有更深入的参与和感受。

2. 协调性

公共艺术实质上是对艺术价值的追求，公共艺术作品应当具备协调性。当面对一件富有审美价值的公共艺术创作时，人们往往会停下脚步，深入思考和体验其内在的灵魂和更丰富的艺术含义。在公共艺术的创作过程中，最初的目标是掌握形式之美的应用标准。在艺术呈现上，我们应该更加重视设计之间的协调性。

首先，利用颜色可以更好地展现公共艺术的协调性。多项研究证实，色彩对于大多数人的身体和心理都有着显著的影响。随着空间环境的转变，人们的心理体验也会发生变化，同时颜色的不同也可能为人们带来某种心理上的提示。例如，红色象征着生命的活力，绿色是健康的象征，白色是纯洁的标志，而黄色则给人带来温馨的感觉。在现代艺术设计中，通过各种手段使色彩能够更加鲜明地表达人们的情感与思想，从而达到更好的效果。与其他的艺术展现方法相比，色彩的变换更能触动人心并产生强烈的影响。

其次，创新的材料组合方式会对公众的审美感受和体验产生影响。不同材质在人眼中有着不一样的感觉，在这些材料中，木材具有温暖性质，石头则是坚固的，金属则是冷硬的，而玻璃则是容易破碎的。

3. 包容性

在都市商业街区的景观设计过程中，随着时代的进步，人们对公共艺术作品的艺术价值给予了更高的重视。他们追求时尚、个性，并以不同方式表达自己的情感，对于流行艺术的风格和思想，有浓厚的兴趣。19 世纪末，塞尚这位现代艺术的领军人物颠覆了西方艺术历史的发展轨迹，他主张意识形态的价值应当超越表演的技艺。在当时，艺术家们开始将注意力转移到艺术作品本身上，通过作品表达自己对生活的感受以及对于未来社会发展趋势的展望。遵从塞尚的艺术观念的艺术家们开始尝试各种不同的艺术形式，他们将自己的作品与当时社会背景相结合，并对各种风格的表现形式进行探索研究。因此，各式各样的艺术展现在了公众的视野中。像装置艺术、雕刻艺术、涂鸦艺术和视觉艺术这样的艺术形式，在同一时期也展现出了其独有的艺术特色，例如超现实主义、立体主义、达达主义、解构主义和表现主义等。公共艺术的包容性在这些艺术风格的展现中得到了充分的体现。

随着时代的不断演变，科技的繁荣和进步也为公共艺术的变革提供了新的思维和灵感，使得公共艺术的范围变得更加广泛，更具包容性。将新的技术和材料应用于公共艺术领域，将为公共艺术的创作带来前所未有的挑战。然而，不管科技如何演变，公共艺术始终与当代生活紧密相连。

4. 互动性

在城市商业街的景观设计过程中，公共艺术的设计哲学和展示手法应以满足城市居民审美需求为核心，全面考虑到大众多样化的需求和体验，强调作品展示方式的多样性，并主张以互动性为公共艺术表达的主导，这将对未来公共艺术创作和设计产生深远的影响。

（五）我国城市商业街景观中公共艺术应用所存在的问题

1. 我国公共艺术缺少人文关怀性

直到现在，还有很多人把公共艺术视为城市商业街区的关键装饰元素，往往忽视了在城市商业街区中，公共艺术与大众之间的密切关系，特别是在人潮汹涌的商业环境里。

综合来看，我国的公共艺术在人文关怀等领域仍显不足，与国际标准相比仍有明显的差距。

在我国目前的城市商业景观中，无论是在二线城市还是北上广这样的一线城市，公共艺术在人文关怀方面的深入研究和挖掘仍需进一步提升。这种缺乏人文关怀的公共艺术创作可能会对大众的审美产生负面影响，使得公众在商业环境中无法真正体验到作品本身所蕴含的艺术文化和内涵。

2. 我国公共艺术缺乏文化构成以及文化宣传

我国城市居民对于公共艺术的认知和理解，仍然停留在一个相对简单的层次上。在很多人眼里，公共艺术作品是一种摆设，是一种装饰。与此相对，大多数人仅仅把公共艺术看作城市商业街区的装饰或点缀，对其了解仅仅停留在“见过”这一阶段，并未深入探索其在社会上的潜在价值。

公众对公共艺术的全面认识不足，这导致了国内商业环境中公共艺术的发展步伐缓慢，从而削弱了公共艺术在城市商业街区中的存在价值。在现代商业街区，公共艺术的摆放方式并不是由商业空间的文化呈现方式所决定的，也不是基于人们对商业空间文化需求所决定的。它的管理和控制是基于当地政府或相关机构的决策，同时也考虑到经济效益和空间范围等关键因素。因此，公共艺术在城市商业街区的核心地位受到了挑战，将其视为装饰空间的一种策略和工具，使其变得不那么重要。

在我国，大量的公共艺术作品主要集中在城市商业街区的美观和装饰方面，但是，城市商业街区的文化属性被忽视了。因此，公共艺术创作与商业空间文化之间呈现出明显的对立和差异性。为了预防和降低上述问题的出现，我们需要加大对公共艺术文化构成和文化宣传的力度。

3. 我国公共艺术表现手法和种类略显单一

公共艺术呈现的方式多种多样，其种类也相当丰富。随着科学技术的不断进步与经济文化水平的提高，人们生活方式发生了改变，精神层面需求也在增加，这就要求我们必须要重视公共艺术的设计工作。主要内容涵盖了壁画、浮雕艺术、雕塑艺术、大地艺术创作、垂直绿化设计、特色景观小品展示、喷泉水景设计、灯光艺术表演、互动装置设计、街道装饰艺术以及建筑外墙的彩绘艺术等多个方面。随着新时代的快速进步和艺术规模的快速扩张，以及艺术表现形式和界外艺术的持续演变，公众对于空间场所的艺术价值有了更高的认识，公共艺术作品的形式也变得更为丰富和多样。然而，我国的公共艺术表现手法和种类相对较为单调，目前还在不断地发展和变革中。

因此，在我国，公共艺术主要通过壁画、雕塑和浮雕这三种方式进行展示。

在公共艺术的早期发展阶段，这三种艺术形态最能得到广大民众的认可和接纳。城市作为社会文化的聚集地和展示平台，其环境氛围也需要通过各种公共艺术来营造。然而，当城市居民参与到公共艺术的设计和创作过程中，由于三种公共艺术主要处于传播阶段，这导致城市居民的选择变得非常被动，从而降低了公众参与的积极性，妨碍了我国公共艺术在大众认知阶段建立的整体系统。

在设计城市商业街的公共艺术作品时，设计师需要深入了解各城市的独特环境和区域特色，这包括它们的历史文化和当地的风俗习惯。必须坚定地反对复制和抄袭行为，并为公共艺术作品提供更多的展示形式。当创新不足并且模仿过度时，很多城市可能会出现类似的商业街区，这可能导致相似的艺术景观，进而使城市的独特性和历史特色受到损害。

综合来看，目前我国公共艺术面临的主要问题源于城市居民对公共艺术的认识和了解不足，公众未能将公共艺术与个人权益紧密结合，以及大众对公共艺术的忽视和不重视，这些因素共同导致了多种问题的出现。

二、城市商业街景观设计中公共艺术的应用方式研究

（一）公共艺术在城市商业街景观设计中的介入方式研究

1. 以公共艺术分布形式的创新性方式介入

在城市商业街的景观设计过程中，公共艺术的介入主要集中在简单的横向或纵向布局上。在总体商业景观的范畴内，单一风格和组合风格的公共艺术创作之间的联系相对较少。因此，在景观的建设和设计过程中，各种独特的介入策略对于艺术作品在城市商业街区的艺术呈现具有巨大的审美价值。

（1）由点到面的分布方式

这种艺术的分布模式有助于增强单一公共艺术与其他组合公共艺术之间的紧密联系，进而促进艺术作品间的相互关联，并展现出更高的艺术价值。因此，在商业街区的景观设计过程中，不同的公共艺术元素可以按照点与线首先连接的方式进行排列，

然后再与周围的整体区域连接，最终形成点线面的布局模式。

（2）焦点式与分散式相结合

在排列和放置公共艺术时，可以先找出一处作为关键点集中放置，然后在商业街的空缺区域中，可用分散式来排列放置有关的公共艺术。这种相结合的放置形式，比较由点到面的分布方式具有一定的优点，除了可以使大众目光汇聚到一点，同时还可以使其目光分散到各个区域中，从而减少城市商业街因人流量过大而导致的拥挤踩踏事件。

（3）组群式的分布方式

在城市的商业街区里，一种组群式的艺术布局方式是将数量超过单件的公共艺术整合为一个统一的类别，并以多种不同的方式展示在商业区域内。这种分布方式既能满足人们对不同风格类型公共艺术品需求，也能够有效地提高空间利用率和经济效益。这种布局方式与前述的布局方式有所不同，它并不以任何中心或焦点的公共艺术为核心，但这种集群的布局方式能在城市的商业街区中呈现出更为丰富的公共艺术元素。

2. 以公共艺术作品主题性与趣味性方式介入

在城市商业街区的景观设计中，高质量的公共艺术不仅因其内在的趣味性，还因其艺术作品的主题性，都成为城市商业街设计过程中一种至关重要的空间介入方式。无论采用何种艺术展现手法，公共艺术所传达的思维和情感始终是最为核心的部分。

（1）商业街中公共艺术作品的主题选择

在城市商业街区的景观设计过程中，高质量的公共艺术作品在主题选择方面并非没有规律可循。

简而言之，各个商业区域的主题需要展现出高度的一致性，同时，公共艺术在选择主题时应展现出强烈的逻辑连贯性。我们需要充分展现城市的精神面貌，与当地的多元文化背景相结合，并根据每条商业街的独特地理特色，设计出家的温馨主题。以美国洛杉矶的城市步行道为例，设计师精心构建了一个以电影为核心的多功能商业街区，给人留下了深刻的印象。总之，选择城市商业街中的公共艺术作品主题时，必须进行全面和综合的思考。

首先，在选择城市商业街的公共艺术主题时，大部分都与商业街附近的人群信息密切相关。这样做的主要目的是确保商业街周围的所有信息都能得到充分的展示，从而让消费者在到达商业街后能够获得明确的路线选择。其次，在城市的商业街区，公共艺术不仅在主题的选择上，还在城市的历史文化建设中，都能增强商业空间的人文氛围，从而更好地展示城市的形象完整性。除此之外，在城市的商业街区里，公共艺术也布置了大量能够反映历史和文化价值的艺术作品。值得注意的是，这些艺术作品在城市的商业街区中所确定的主题和历史发展的联系，传达了不同时期人们的愿望和追求。

（2）商业街中公共艺术作品的故事趣味性

在确定了不同城市商业街的景观特色和公共艺术展现方式之后，如何更深入地传达城市商业的核心主题，成为对商业街杰出艺术创作的新的期望和要求。简而言之，根据城市的文化和历史背景来挑选主题，可以确保商业街上的所有公共艺术创作既和谐又富有创意。在这个基础上再加上一些具有独特个性的设计元素，这样就会让人产生一种与众不同的感觉，并引发人们去体验这种感受。此外，这也有助于将消费者集中到商业领域中。确保主题的精准挑选和主题的持续深化，这样可以显著提升城市的整体形象，并使商业街成为城市的显著标志。

3. 以新媒体艺术与科技运用的方式介入

现代的新型媒体技术包括 3D Mapping、交互式投影、全息展示以及虚拟现实技术等，已经逐渐融入人们生活中的方方面面，成了一种新型的视觉传达工具和信息载体，为大众提供更为丰富多样的审美体验，这种独特的艺术形式与传统艺术有所不同。将新媒体技术融入艺术创作中，代表了设计师从一个全新的角度出发，与当代社会紧密结合的创作方法。这种方法不仅是艺术传播的工具，也是高科技与公共艺术作品的完美结合，同时也代表了商业领域的创新方向。

观察传播媒介，新媒体艺术与科技在商业街的应用与传统艺术相比，展现出了极为显著的差异性。在城市商业空间中，传统艺术主要采用静态的艺术形式，其展示方式相对单调。然而，当新媒体艺术与科技元素结合时，它们形成了动态的艺术作品，这充分展示了公共艺术与商业空间之间的相互作用。再者，从消费者的心理和身体体验来看，传统的静态艺术为大众带来了强烈的视觉冲击力，但稍显单调。而高科技的公共艺术不仅为公众提供了更为丰富的感官体验，而且增强了公众与商业街区之间的互动和参与，这一展示功能是传统型公共艺术所不具备的特性。因此，在城市商业街景观设计中融入新媒体艺术和科技的应用，对于增强商业街的整体参与度、体验感和交互性具有极其关键的影响。

随着新媒体艺术和科技的持续进步，公共艺术的展现手法和形态变得更为丰富和立体，这使得人们能够更为明确、便捷和迅速地感知到公共艺术所传达的思想和情感，并在不同艺术作品的历史、文化和地域背景中进行深入的了解和感知。随着高新技术的引入，公共艺术领域将经历深度的变革和升华，这将帮助人们更深入地理解作品背后的创作哲学和深层次的思考。因此，通过将新媒体艺术与科技相结合的方法融入商业街区，有助于不断地传播和延续城市的历史传统和独特文化，进而为公共艺术提供了一种创新的展示途径。

当人们试图传达作品的历史背景和独特空间时，像绘画和书法这样的静态艺术形式，并不能完整地展现或呈现。在此背景下，通过将新媒体艺术与科技相结合的方法进入商业领域，利用立体影像和照明设备等先进技术，打造了一个创新的社区互动空间，为人们带来了空间变化的独特体验。

4. 以注重公共艺术需求性的方式介入

（1）空间交往需求

公共艺术在城市商业街的空间互动需求中的介入，是公共艺术与普通大众以及与商业街附近地区的交互作用所引发的。这意味着公共艺术的大小和形态不仅需要与商业街区相匹配，同时其所包含的思想和情感也应与商业环境保持一致。因此，在设计过程中，必须坚持人本主义的理念，重视群众与周围环境的和谐融合，始终以公众的参与和互动作为设计的起点，以确保公共艺术成为空间元素的一个重要组成部分，从而使城市商业街上的公共艺术能够为大众提供愉悦的身心体验。

在城市商业街的景观设计中，公共艺术的运用应以商业街的空间特性与艺术作品在功能、形态、样式和表达思想等方面的综合融合为主要目标。为了达到这个目标，我们需要对公共艺术的材料、颜色、数量以及规模有深入的了解。同时也需考虑到与其他元素之间的协调关系，基于此，还需深入探讨艺术作品中的审美、实用性、艺术魅力、交互性和体验性等核心特质。

（2）文化情感转换

在公共艺术的设计过程中，其文化底蕴和情感思考会被融入城市的商业街区里。我们应该更加重视城市商业街中的历史、文化和传统，这正是其核心价值——文化情感的转化。公共艺术主要是通过各种元素如材料选择、造型艺术和色彩搭配等全面展示空间环境中的思想和情感元素，进而为人们带来愉悦和享受。

在城市商业街区的景观设计过程中，已经将空间区域的人文精神转化为多种艺术表现形式，主要包括颜色、大小、体积等多种外部形态。这些形式可以作为视觉符号来表达不同人群对该场所所产生的感情和心理上的体验。因此，利用这种公共艺术的介入手段，能够将情感进行转化和传达，从而让城市的居民在商业街区中体验到愉悦的感觉。

（二）公共艺术类型景观与城市商业街类型景观相关联性研究

在各种不同的空间布局中，公共艺术的运用需要根据如传统商业街、具有文化特色的街道、主题性购物街和旅游休闲街等多样的商业街类型，挑选最合适的公共艺术表达方式。

从公共艺术的精神维度来看，它与城市居住者的需求紧密相连，并始终以人为中心，致力于为广大民众提供服务。与此同时，公共艺术的兴盛和进步可以在城市的各种空间中得到体现，其中商业空间应当被优先考虑。

城市商业街区的演变和发展是公众持续追求自身成长需求的直接后果。本节研究的中心议题是探讨公共艺术如何在城市商业街的景观设计中得到应用。作为公共艺术和城市商业街的共同参与者，群众的角色最终是研究城市商业街如何满足人们的需求，以及公共艺术与这些需求之间的相互关系。

1. 城市商业街与人的需求

在都市的商业街道上，人们的需求与其商业职能之间存在深厚的联系。人们对商品的消费不再满足于其物理属性而追求精神层面的享受，于是，城市商业街开始向更高的层次迈进，即成为具有文化内涵和艺术价值的公共空间。随着人们的需求从物质层面转向精神层面，城市的商业街区也从最初的物质空间逐渐演变为精神空间。在古希腊城市中心，阿索斯广场被视为西方商业建筑的早期示范。这个场所为古时候的人们提供了一个融合了祭祀、集会、庆祝活动以及商品交易的多用途空间，它是商业建筑和广场早期融合的经典实例。在古罗马时代，大规模的公共浴场成功地将多样的功能和景观设施融为一体，这种结合方式对后续城市商业街区的多元化发展产生了深远的影响。随着庙会文化的日益兴盛，当地的居民也逐渐形成了日常的交流和贸易互动环境。

在我国古代，一千多年前，城市商业街就已经非常繁荣，出现了类似集市的商业空间。这种商业空间起源于“市”制度，并在北宋仁宗的统治时期逐渐形成，而在明、清两代，它也经历了持续的发展和变革。随着经济的持续发展，城市的商业空间已经逐步调整，形成了以综合商业街和庙会为核心的商业模式。从北宋时代开始，街边商铺的布局逐渐从外向的内侧街道演变为更加繁华和热闹的街区，这导致商业空间的人气持续上升。正如《清明上河图》所描绘的那样，这一时期的商铺主要分为四种不同的商业模式，如坐商、商贩、行商和集市贸易等。

2. 公共艺术与人的需求

当人们的基本需求得到部分满足时，更高的需求就会出现。艺术在本质上并没有公共属性，它更多地与个人的兴趣和喜好有关。公共艺术品所蕴含的独特意义和形态，逐渐被大众通过多种渠道进行推广和传播。从一定角度看，公共艺术是一种在现代社会中具有广泛公众认知，并能与大众以及他们之间实现共享的艺术形式。其创作的合理性和合法性都是以满足人们的生理和心理需求为基础的，因此，不以人为中心的艺术作品，不可能成为公共艺术。

3. 公共艺术与城市商业街的关系

将公共艺术融入城市的商业街区，在有限的场地和资金支持下，可以更深入地满足不同人群的休闲和娱乐需求，从而增强公共艺术的价值和商业街区的吸引力，并促进更多的体验式消费。对许多人来说，传统的博物馆或美术馆里的艺术作品只能从远处欣赏，其展现方式相对单调，与公众的互动也不多。因此，在观察和理解的过程中表现得相当被动。大部分在商业街区里接触到的公共艺术形式，都更接近于日常生活的实际情况，并且呈现出多种多样的形态，例如表演艺术、影像艺术、音乐创作以及新媒体艺术等多个方面。因此，公众能够自如地接受并进行解读。

在城市建设过程中，要充分重视对城市历史文脉和人文特色等方面的保护和传承，创造出适合现代生活方式、符合市民审美情趣的高品质城市商业街。目前，一体化综合式商业街已经成为城市高品质商业空间的显著代表。通过深入挖掘消费者多样化的需求，我们可以塑造出富有文化特色的商业空间环境。这样，公共艺术的设计就能更好地满足城市居民的需求，使其在城市商业街中得到更广泛的应用。同时，加强公共艺术与普通大众以及大众之间的互动和接触，可以进一步加强公共艺术与城市商业街之间的联系，从而创造一个更加舒适的商业景观环境。这不仅是城市商业街追求的艺术价值，也是一项不可推卸的社会责任。

因此，景观设计师们应当持续不断地探索城市商业街的未来发展路径，寻找与当地文化深度融合的途径，并加强公共艺术与普通大众以及城市商业街之间的联系。另外，公共艺术在城市商业街区的多样参与方式，对于塑造商业文化的新面貌和展示城市历史的新风貌具有显著和深远的影响。

（三）公共艺术在城市商业街景观设计中的地域文化研究

地域文化在特定的地理范围和长时间的历史变迁中，逐渐积累并形成了具有地方特色的文化遗产。

1. 尊重地域特色的文化取向

一个城市是否具备将其历史发展与未来发展相连接的能力，能够反映出该城市的文化底蕴和创新活力。在城市的商业街区，公共艺术作为一种文化载体，承载着消费者回溯过去和购物体验的情感。设计师需要深刻地理解这座城市的历史和文化背景，并对当地居民的生活习惯进行探索和思考，以便构建一个具有地域特色和文化认同感的城市商业环境。

城市的商业街区景观是由商业文化塑造而成的，而不同地域的商业文化也共同塑造了各个区域的公共艺术景观。城市居住者地理位置的差异，导致了公众对于商业街的理解和观点存在不同。因此，对于一个城市来说，商业街应该成为当地市民日常生活不可或缺的一部分，并与之产生互动联系，从而形成一种文化氛围。在城市商业街的建设过程中，有必要深入了解当地居民的日常活动习惯和民间风俗，同时也要尊重具有地域特色的文化方向。只有这样才能让人们更好地理解商业街所承载的精神内涵，从而为营造一个具有人文气息的街区环境奠定基础。如果不这样做，居民可能会对居住空间产生不适感，这可能会在某种程度上降低他们对城市商业街的接受度，从而导致商业街失去其原有的活跃性。

2. 注重地域文化的延续

将当地丰富的自然资源和人文历史融入公共艺术设计与创作活动，从而打造出能够获得社会广泛认可的城市商业景观，即将其打造成一个面向大众的休闲娱乐商业购物中心，同时也是一个集文化交流和传播于一体的综合性商业空间。对于居住在当地以外地区的游客而言，拥有各种地域特色的城市商业街区景观是展示当地城市文化的重要平台。

在我国，某些城市的商业街区缺乏独特的地方文化元素，同时模仿的情况也相当普遍。因此，强调城市的独特景观并重视地方文化的传承具有深远的意义。文化定位的核心是基于城市商业街已有的独特文化进行精确的评估，这样可以更好地理解和掌握商业街的地理位置，并根据每个城市商业街的独特文化特点，给人们留下深刻的印象。景观差异化建设主要依赖于区域特性的持续发展。历史上很多具有鲜明地方特色的商业街道都与当地的地域性文化有着密切的关系，而这些独特的风格往往也正是城市的魅力所在。绍兴的南宋御街以其独特的地域文化为基础，成功地展现了绍兴过去的市井风貌和生活场景。在这条街道上，使用了超过一万块石板，这些石板传达了各种文化和传统的生活方式，使得古老的绍兴文化在这里留下了深刻的印象。

（四）公共艺术在城市商业街景观设计中的应用原则

在城市商业街的景观设计中融入公共艺术元素时，公共艺术的呈现方法和应用准则并非没有明确的规定和约束。在使用过程中，需要遵循一定的标准和要求。我们应当根据设计过程中的应用原则来进行设计，这也是评价其品质的关键。

在设计城市商业街时，公共艺术在材料、色彩、尺寸和艺术技巧上都展现出了一种自由的风格，并以其独到的展现手法对商业街产生了影响。随着时代的不断进步和社会经济的快速发展，人们对精神生活也提出了更加严格的要求，这使得城市商业街景观环境艺术设计与其他领域之间产生一定程度的差异。然而，在进行城市商业空间的景观设计和建设时，为了追求更高的艺术价值，就必须坚守可持续发展、服务大众和互动体验等原则，并据此制定相应的规定和要求，从而为商业街的景观设计注入新的创新思维和展示方式。

1. 坚持可持续发展性原则

在研究城市商业街景观设计中的公共艺术应用时，我们需要从可持续发展的视角出发，平衡和调整空间功能与艺术表现形式之间的关系。在规划城市商业空间时，设计师需要深入了解并满足各种人群的多样化需求，以确保商业街的核心活动区域与交通路线紧密相连。同时，还需要充分利用空间的优势，使得公共艺术的使用更为合理，从而为商业街创造一个高品质的氛围。

在城市商业街区的景观设计中，公共艺术的运用也应当重视生态观念的重要性。

通过深入研究和探讨生态领域，实现多学科的有机结合，从而打破思维的局限，以促进创新思维的进步，进而确保设计能够“适应当地环境”并进行合理的“布局”。可持续发展的核心理念是在公共空间中创造一个和谐的环境，坚守这一原则可以推动城市商业区的兴盛和空间能源的高效利用。公共艺术的表现形式和功能应当基于实际情况，以自然景观设计和传统文化为基础，充分考虑到当地的自然环境和时代特色，从而构建一个可持续发展的商业街景观环境。

2. 坚持为公众服务性原则

当我们回顾国内外近现代设计的演变时，可以看到设计师们始终秉持为大众服务的理念。尤其在现代主义的晚期，艺术设计的焦点逐渐转移到更广大的社会阶层，而设计的焦点也不再仅仅局限于精英群体。随着现代社会经济水平和科学技术的不断提高，人们对生活质量的要求越来越高，而公共艺术作为一种新型的审美形式，能够满足不同人群的精神需求，成为当代设计师关注的焦点之一。因此，需要积极地传承和创新传统，在引入多元文化的过程中，也要增强公众间的互动和交流热情，以确保公共艺术能够真正服务于广大民众。

当前，坚持“以人为本”的理念不仅是对大众自我价值的一次重新审视，也是人们活动领域向更高层次拓展的标志。

在城市的商业街区，公共艺术被视为一种带有公共属性的艺术形式，其在实际应用中需要满足现代社会各种艺术和文化的需求，并确保其能够适应不同城市的各种人群。公共艺术的消费者群体具有多层次、多群体和多需求的特点，这是因为人类的社会属性决定了社会交往的必要性和人们对美的期望。因此，在城市商业街区的景观设计过程中，公共艺术应用的核心目标是根据不同城市和不同人群的具体行为和心理需求，创建一个适宜的交流和沟通环境，以便更全面地了解大众的感受和特定群体的需求。

3. 坚持互动参与性原则

互动体验式设计将人与人之间的互动参与，视为环境空间设计的一个重要组成部分。它运用大众行为心理学的理论来组织和吸引公众的参与，从而完成公共艺术作品中情感元素的构建，并突出公共艺术的实际应用价值。面向大众的互动和参与是公共艺术最核心的特质，特别是在大众参与的背景下。

在城市商业街的景观设计过程中，公共艺术可以从多个角度，如场地氛围的营造、媒介的选择和应用、材料的多样性等，全面分析其互动性和参与性的原则。这样可以使大众更加积极地融入商业空间氛围，与公共艺术进行互动，亲身体验并参与其中，从而形成具有主题性的互动体验式商业街，这种互动体验包括身心的感受和视觉的体验。

公共艺术不仅强调了大众的体验感和设计感，更是深度融合了艺术美感。在设计空间时，我们打破了传统思维模式，以建筑细节和象征符号作为设计参考，将艺术和技术融合到商业空间景观设计中。这样做不仅改变了城市街区的整体风貌，还增强了城市文化的象征意义，使得城市商业街的设计风格更加鲜明和具有独特性。深圳华强北的地铁商业街在刚开始营业时，选用了大约 4 千斤的五彩糖果，形成了一条超过 1 千米的糖果销售街道，经过改造后，形成了一个具有独特个性的"巧克力"主题街道。这条道路穿越了整个地铁购物中心，其设计巧妙地将彩色糖果与盒子结合，形成了富有趣味的图案，这种装饰风格非常吸引人，五光十色的糖果散发出甜美的味道，吸引了众多路过的行人驻足欣赏并拍照留念。

4. 坚持空间环境整体性原则

在城市商业街的景观设计和艺术创作中，公共艺术需要拥有充足的商业空间，并应遵循空间环境整体性的原则来处理相关问题。只有这样才能使设计达到预期效果，从而创造出真正属于自己的、独特的城市商业景观风格。美国知名的景观设计师彼得·沃克先生曾经指出："我们追求的是景观中的整体性艺术，而不是在基地上增加和构建的艺术。"当设计师被赋予城市商业街景观设计的职责时，他们不仅需要在商业景观中融入公共艺术元素，还应视公共艺术为城市商业街整体景观的一个重要组成部分。在需要运用公共艺术的情况下，应进一步将其转化为城市商业街内部的一个连接纽带。

公共艺术是一种综合性的艺术形式，其涵盖的范围相当广泛，这主要体现在它的创作思维和形式的综合性上，公共艺术的发展具有其独特的性质。此外，它融合了景观美学、建筑学、心理学等多个学科的文化精髓，以寻找创作的灵感来源。在社会经济持续稳定增长的背景下，公共艺术在城市商业街景观设计中的运用，必须符合城市的基础功能需求，遵从自然发展的自然规律，并始终遵循可持续发展的原则。此外，在设计过程中，我们必须高度重视艺术的审美价值，不能仅仅关注某一方面的特点而忽视其他方面的设计。我们需要遵循空间环境的整体性原则，掌握空间的结构和尺度，这一系列措施的主要目的是确保设计的完整性。

（五）公共艺术在城市商业街景观设计中的应用方法

在城市的商业街区中，公共性的商业活动孕育而生并逐渐壮大。因此，与城市商业街相结合的公共艺术能够为商业空间创造一个积极的氛围。但与其他展示艺术形式相比，公共艺术仍有其固有的局限性，特别是城市商业街的这种局限性相对于其他空间环境更为复杂。公共艺术不仅需要适应各种不断变化的空间环境，还需要运用多样的艺术手法来改变公众对于高密度环境的认知和感受。除此之外，还需要考虑到城市商业街区的局限性和资金投入的比例。

1. 建立有商业秩序的公共艺术

简·雅各布斯在其著作《美国大城市的死与生》中明确表示，对于城市而言，街道的活跃性起到了至关重要的作用。在商业街区中，街道的活力和生命力显得尤为关键，而街道空间则是城市商业街区中最主要的户外公共区域。但是，公共艺术创作的不规范摆放和对城市道路的不规范占据，导致了商业区域的严重混乱和交通堵塞。因此，应该创建一个具有商业秩序的公共艺术空间，它不仅可以美化和装饰城市环境，还可以指导空间功能的分区，使人们能够在商业街中有效地调整活动范围，避免流量超载，从而改变大众的密度感知。

从空间结构上看，城市商业街主要可以分为线性的街道空间和面状的街区广场两种类型。那些位于城市边缘的商业街道需要构建具有商业秩序的公共艺术空间，以展示一个整洁而美观的商业空间环境。

通过运用公共艺术来划分城市商业街中的艺术活动区域和交通功能区，能够显著减少这两个区域之间的相互干扰。除了满足交通的基本需求，狭窄的商业街还可以为人们提供一个安静的交流空间。这样，原本的城市商业街上的休闲广场可以转变为娱乐、活动和文化广场等公共设施，以满足市民的各种活动需求。此外，还可以为游客提供以他们为中心的公共设备和导向标志，并加入具有当地文化特色的公共艺术作品。不论其表现形式如何，公共艺术在商业街道和广场上都应与公众保持紧密的互动，以增强城市商业街区的吸引力和关注度。

2. 设计顺应空间形态的公共艺术

在进行城市商业街的景观设计时，可以从商业空间的立面角度来对空间形态特征进行分类。对于具有不同纵横比例的商业区域，应以公共艺术作为划分标准，对原有商业街的形态进行重新分类。在更广阔的空间内进行垂直分割，而在更高和更窄的街区之间进行横向划分，以减少步行区域的距离和空间深度给人带来的压迫感。

例如，在一个相对狭窄的商业街区内，通过适当地调整灯光装置的高度，可以有效地减少行人与周围空间的距离，从而更好地促进人们的日常活动和社交互动。提高城市商业街的灯光亮度不仅可以增强商业空间的氛围，还能为公众带来愉悦的体验。考虑到商业街的不同围合度，应设计出与空间形态相匹配的公共艺术。根据这些艺术的放置位置，有序引导公众的视觉方向，并通过设计和艺术装饰来优化建筑的外观，从而增强城市商业街的空间活跃性。

此外，还可以参考我国的传统园林景观设计方法，充分利用城市商业街的优越地理位置和空间条件，使其周围的风景与公共艺术的视角完美融合。通过改变“背景”和“图形”的定位，可以从城市的商业街区细节中洞察大局，进而影响公众对空间的感知和理解。

3. 应用低成本类型的公共艺术

随着城市的不断繁荣和扩张，商业街区的位置可能会发生变化，而空间场所的减少也意味着其他替代性场所的出现。考虑到商业街具有的暂时性和反复变化的特点，设计师在设计城市商业街的景观时，应当采用成本较低的公共艺术形式，以更有效地满足城市商业街的空间需求。

此外，在城市的商业街区，公共艺术可以通过优化作品的材料选择、施工技巧和展示方法等多个维度来降低设计的总成本。在选择公共艺术设计材料的过程中，挑选本地的设计材料不仅可以体现该地区的自然历史和文化元素的融合，还可以降低一系列的建设和设计成本。同时，设计师应该注意将传统材料和现代技术有机结合起来。例如，碎片玻璃、铁皮等可再生材料，以及木板、喷漆等低成本材料的应用，使得人们能够自由地进行公共艺术创作，并从中吸取自然灵感，寻求生态式的设计。

在公共艺术的建设过程中，通过循环使用成本较低的材料，可以避免艺术作品从即将关闭的商业区中移除时造成不必要的浪费，并将这些材料应用到新的公共艺术项目中。这种可重复使用的建筑材料通常简单且耐用。此外，还可以鼓励城市商业街区的顾客参与公共艺术的创作和体验，从而有效地减少人工成本。

公共艺术展现形式中融入了参与性的公共艺术元素，其核心目的是鼓励居民参与到商业街区的互动和体验中，通过艺术的传播手段让大众参与，从而创建一个带有商业体验特色的互动式场所。

（六）公共艺术在城市商业街景观设计中的应用策略

1. 以公共艺术表达商业文化特色

公共艺术是文化传承的有力工具，它不只是城市历史文化的延续，同时也承载了人类的思维和价值观。当公共艺术被融入城市商业街的景观设计时，它有能力激发商业街进行艺术性的活动，使商业街重新焕发活力，并与其他元素相互结合，形成一个艺术的防护层，从而抵抗外部的同化效应，并保留其独特的商业文化特色。

在欧洲的城市里，存在着众多具有独特风格的文化商业街区，如文艺、简约、复古和田园等。这些各式各样的商业街不仅展示了欧洲商业文化的独特之处，还深刻地展示了城市历史文化与商业模式的完美统一。随着我国社会的不断发展和公众幸福感的增长，人们也逐渐步入了体验经济的时代。在这一时期，人们更加注重消费品质和生活品质。大众所购买的不仅仅是某种特定的生活用品，更多的是一种精神上的享受和文化的氛围。城市的商业街区已经超越了单纯的购物场所的定义，它已经成了一个不断变化和发展的文化交流场所。

观察公共艺术在城市商业街的应用趋势，可以看到，城市的历史文化和商业文化的有机结合已经成了发展的核心动力。每一条城市商业街所呈现的文化内涵都是非常丰富和多样的，涵盖了历史、社会、人文和商业等多个方面的文化沉淀，这些多元的文化元素共同塑造了商业街的发展动力。

2. 以公共艺术塑造商业空间氛围

新式的综合商业街区往往采用现代流行的艺术景观设计来营造商业氛围，但对于具有古典或历史特色的城市商业街来说，这种设计风格似乎难以在这样的综合商业空间中得到体现。

在现实生活中，那些充满历史和文化韵味的街区与商业环境并不产生冲突，例如杭州的清河坊街区和南京的长江路街区。与此相对，在我国的传统商业街区里，那些璀璨夺目的建筑设计，以及工艺精湛的牌匾、栏杆和长椅等，都深刻地展示了我国独特的商业氛围。因此，在公共艺术的应用方面，设计师可以通过外部装饰来更好地营造商业氛围，并在此基础上加入具有当地特色和城市文化内涵的艺术元素，尤其是在历史文化型商业街中的传统景观雕塑小品。这些设计手法不仅丰富了人们对街道环境的感受，也使整个步行街更加富有地域特点、更有吸引力，从而提升商业场所的品位和档次。此外，当利用公共艺术来打造商业空间的氛围时，需要确保公共艺术品的外部装饰与商业街的设计风格相协调，以防止街区的整体形象出现混乱。

3. 以公共艺术构建生态化、人性化场所

我国的传统园林景观理念强调所有事物都是相互连接的，遵从自然的法则，追求与自然和谐共生的景观环境，这些理念与当前追求的生态友好型自然景观环境有着紧密的联系。因此，城市应当结合自然景观美学的相关理念和绿色环保的思想，来打造一个既舒适又宜居的景观生态环境。与此同时，为了传达对生态保护的重视，还需要提高商业空间的质量，并构建具有艺术特色的景观设备。

在我国，许多城市的商业街区在进行景观设计时，主要关注的是其经济效益，而相对忽视了消费者的需求和感受。部分商业街区虽然以艺术或景观元素作为吸引人的焦点，但却主要集中在雕塑小品的设计和构建上，而没有深入考虑到消费者的实际需求和功能。虽然已经建立了具有特色的景观设施，但仍然缺乏人性化的改造，这样设计出的景观实际上是舍本求末的。城市的商业街区展现了其独特的空间属性，它是城市空间的核心部分。在其设计过程中，必须将人的需求放在首位。商业街上的景观灯、雕塑、标志牌和各种建筑元素的制造，都应以满足人们的生活习惯为核心，以此确保设计充满人性化的元素。

第三节　城市公园景观设计

一、公园景观中的公共艺术

公园是为大众提供观赏、游览、休息健身的一种户外场所，相比较其他场所来说，拥有较好的生态环境、公共设施，能够让人们放松心情和感受自然，好的公园公共艺术能够与环境完美融合。随着社会经济的发展和进步，现今公园中一些公共艺术作品出现了更多新的元素，除了一些公园雕塑、实用性座椅设施、饮水器、垃圾桶以及指示功能照明标识设施之外，还出现一些互动性雕塑和具有现代技术的装置艺术应用。公园不同于城市街道和城市广场等公共空间，公园是供人游玩的场所，其职能是为人们提供休闲娱乐的，公园需要体现的是历史人文艺术，体现方式是让人们能够在玩乐中耳濡目染，而不是说教，公园中民俗、文化、艺术三者是融合交错进行表现的。

二、以“深圳人的一天”为例

20 世纪初，大型纪实雕塑“深圳人的一天”被安置在深圳园岭社区公园内，群雕放置的公园是被深圳市列为第一批改造的公共空间之一。基于平民化的设计构思，这组群雕表现的主题是记录在深圳生活的普通市民简单而又不平凡的一天，如群雕的题目一样，艺术家们选择了 1999 年 11 月 29 日这样一个平平淡淡的日子，在深圳街头找了 18 位不同行业的“模特”。然后将这些“模特”制作成真人大小的青铜雕塑，并给每一个雕塑立一块铭牌，铭牌上刻上“模特”的姓名、籍贯、年龄和工作等资料。在铜雕后面是四块打磨得十分光亮的花岗岩浮雕景墙，景墙上刻上了深圳市的简介、深圳地图、当天报纸的版面、天气情况、股市行情、电视节目表等最贴近生活的资料，在雕塑周围还有广播播放这一天深圳电台录的音内容，从此，这四块浮雕墙、深圳电视台的录音内容和 18 个青铜雕塑像一起诉说着城市的历史。每一个在雕塑前驻足的人都会在这组雕塑中找到自己的身影，并深切地感受到城市凝固的记忆。

从另一个角度来看，这组雕塑也是为深圳普通人民竖立的纪念碑。纪念他们在短短几十年的时间里，把深圳从一个小渔村建设成一个经济发达的现代化大城市。

“深圳人的一天”不仅仅是我国公园公共艺术发展中具有代表性的案例，它更是一件在我国整个公共艺术的发展上具有里程碑意义的作品。首先，以往公共艺术设计中被忽视的公众成了公共艺术的主角，成了公共艺术讴歌赞扬的主体，公共权力在公共艺术中的体现得到完美的诠释。其次，这件公共艺术作品也从侧面展现了艺术家对环境、对城市、对个体的思考，公共艺术家的创作开始在个人的艺术个性和公众诉求之间找寻平衡，以帮助公众表达诉求，并肩负起超越自身利益的社会责任。最后，这件公共艺术作品成了大众文化的代表，完完全全为社会大众服务，贴近生活，温暖社会。

三、公园景观中公共艺术的特征

随着现代公园和公共艺术的发展，公园景观中公共艺术呈现了多种多样的特征。

（一）兼容性特征

现代公园景观设计中越来越重视公共艺术品的艺术价值。倾向于接受新潮的艺术思潮和风格流派。20 世纪法国艺术家塞尚的出现改变了西方艺术史的进程。塞尚认为意识形态应该比表现技法更加重要。之后的艺术家秉承塞尚的艺术理念开始进行各种艺术实验，于是各种艺术形式如同爆炸一般出现在世人面前。例如环境艺术、装置艺术、行为艺术、涂鸦艺术等，同时也诞生了风格迥异的艺术流派，例如达达主义、超现实主义、现实主义、解构主义、结构主义、立体主义等。

这些艺术流派和艺术表现形式也对公共艺术的发展产生了深远的影响。

另外，科学技术的发展也给公共艺术的创作带来了新的可能性，使公共艺术的领域变得更加广阔。新科技介入公共艺术的同时也给公共艺术家的创作带来挑战。但不论科技怎么发展，公共艺术都应该是和时代主题息息相关的。

（二）艺术性特征

公共艺术在本质上是追求艺术价值的，公共艺术作品必须是美的，必须拥有吸引人的艺术表现形式。人们只有被一件公共艺术作品的美感吸引后才会在作品前驻足观赏，进而探寻作品表达的主题和更加深刻的思想内涵。

艺术作品的创作首先要注意的是形式美法则的运用。艺术表现形式必须追寻变化与统一的关系。首先，在色彩的运用上最能体现公共艺术的艺术性。研究表明，色彩对人的心理干预的作用是巨大的，人处于不同色彩的环境里表现的情绪是不一样的，并且色彩还会给人以不同的心理暗示。例如黄色代表温暖，绿色代表生命，蓝色又会给人忧郁的心理暗示，色彩上的变化相比其他的艺术表现语言来说更感性更灵动。其次，不同的材质对比也对公共艺术作品的艺术性产生影响。材质主要以视觉和触觉影响人们对公共艺术作品的主观感受，如木材显得温暖、石材显得坚硬、金属材质显得冰冷、玻璃材质显得脆弱等。

（三）功能性特征

功能性是设计造物的最初目的，公共艺术设计也应该满足一定的功能性。公共艺术在功能性上分为四类：审美功能、使用功能、标识功能和宣传教育功能。

审美功能是公共艺术作品最主要的功能之一。公园景观中的公共艺术更是将作品的艺术性放在首位。放置在公园主要节点上的公共雕塑应能起到点缀美化环境的作用，而公园内的公共设施则应在满足功能性后加以美化设计。人们在繁忙的工作之余来到公园缓解快节奏的生活压力，公园中的公共艺术作品从美学上可以调节人的心情。一件成功的公共艺术作品是可以和人们产生共鸣的，它可以通过自身的艺术表现力美化环境、陶冶情操，从而达到满足人们对审美的追求。

使用功能指的是公园中的公共设施。例如景观灯、公共座椅、垃圾箱等。这些公共设施在设计上应该首先满足使用功能。在设计时应该严格按照人机工程学的标准进行设计。

标识功能主要是指对公园中公共艺术作品的主题进行统一标识。现代公园景观设计中经常会将整个公园划分为几个不同的小主题园，各种小主题园因主题的不同对公共艺术作品的表现风格和创作主题的需求也不一样。人们在公园游玩时，可以通过不同的公共艺术品的设计风格感知到公园区域的划分。例如芜湖方特欢乐世界就将公园分为阳光广场、方特欢乐大道、渔人码头、太空世界、神秘河谷、维苏威火山、西游传说、精灵山谷、聊斋、恐龙半岛、海螺湾、儿童王国、水世界、火流星等 14 个主题项目区。这 14 个主题项目区对公共艺术的需求也不一样。

宣传教育功能指的是一些叙事性公共艺术作品对社会大众的教育宣传作用。这类公共艺术作品多以艺术的表现形式展示一些社会公共话题或城市历史，在公园景观设计中起到寓教于乐的作用。

（四）互动性特征

公共艺术的公共性要求公共艺术必须在作品本身和社会大众之间产生互动。公众的参与程度是公共艺术作品的评价标准之一。公共艺术家在进行公共艺术设计的时候应该考虑如何在公共艺术和大众之间建立一种亲密的关系，将公众对公共艺术的欣赏变成公众对公共艺术的参与。公众与公共艺术之间的互动包含两个阶段的互动。其一是公共艺术作品在成果阶段具有玩乐的性质，让公众直接参与到公共艺术作品中。其二是让公众参与到公共艺术的创作中去，公共艺术家在进行公共艺术创作的时候要进行大量的市场问卷调查，以尊重公众意志，使公共艺术作品更具有互动性。

四、我国公园景观中公共艺术设计存在的问题

虽然，我国改革开放以后，公园和公共艺术都取得了不错的发展，但是，我国公园景观中公共艺术的设计仍然存在着一些问题。

首先，缺乏原创性。随着经济全球化和互联网的发展，人们常常会发现，眼前的公共艺术作品有一种似曾相识的感觉，国外大量的公共艺术作品被原封不动地搬进国

内，这些照搬的公共艺术作品不能贴合周围的环境，在环境中显得不伦不类。不同主题的公园中还会出现雷同的公共艺术作品，这一现象是由两方面原因导致的。一方面，部分设计师缺乏创新意识，没有对公共艺术的表现形式和所处环境进行透彻的分析，急功近利，直接照搬现有的案例敷衍搪塞。另一方面，国内公共艺术需求量较大，对设计周期要求较短，甲方没有给足设计师足够的时间进行原创设计，导致一部分有原创意识的设计师为了在甲方限定的时间节点之前交稿，只能被动地去抄袭和借鉴。

其次，我国公共艺术运行机制不够完善，对公共艺术缺乏管理和维护，一些损坏了的公共艺术作品没有进行修复。一方面政府在修建公共艺术作品后，后期的养护资金不到位，导致了损坏的公共艺术作品无法及时修复。另一方面，公共艺术作品的损坏很大一部分是人为损坏。有些素质不高的市民，不能主动地去维护公共艺术作品，更有甚者故意人为损毁公共艺术作品。为了解决这一现象，政府部门需要加强对公共艺术保护的管理。

五、公园景观中公共艺术的设计方法分析

公园景观中公共艺术的设计方法主要有位移、放大、对比、重构等。

位移指的是一种在材质上、功能上、结构上的交替，或者是一种视觉符号的位移。放大指的是将社会大众常识中的事物进行放大夸张达到一种趣味性效果。对比的形式多种多样，可以是尺度上的对比，也可以是材质上的对比，更可以是色彩上的对比。重构指的是将生活中常见的东西拆成各个零部件，再将这些零部件重新组装成新的形式。

参考文献

[1] 周恒，赖文波 . 城市公共艺术 [M]. 重庆：重庆大学出版社，2016.
[2] 夏威夷 . 城市公共艺术设计概论 [M]. 北京：中央民族大学出版社，2021.
[3] 李媛 . 当代城市公共艺术研究 [M]. 北京：中国纺织出版社，2019.
[4] 殷子 . 当代城市公共艺术的场所精神 [M]. 武汉：湖北美术出版社，2020.
[5] 胡哲，陈可欣 . 艺术造城：城市公共艺术规划 [M]. 武汉：华中科技大学出版社，2020.
[6] 江哲丰，张淞 . 当代城市公共艺术价值及其数据应用 [M]. 北京：中国轻工业出版社，2017.
[7] 蔺宝钢 . 城市公共艺术人才培养模式研究 [M]. 西安：西北大学出版社，2014.
[8] 翁剑青 . 城市公共艺术 一种与公众社会互动的艺术及其文化的阐释 [M]. 南京：东南大学出版社，2004.
[9] 高雨辰 . 城市文脉与公共艺术 [M]. 天津：天津大学出版社，2022.
[10] 林海 . 城市景观中的公共艺术设计研究 [M]. 北京：中国大地出版社，2019.
[11] 吴昊，周靓 . 城市公共艺术 [M]. 北京：人民美术出版社，2012.
[12] 陈立博 . 城市公共艺术与互动设计 [M]. 北京：中国商业出版社，2022.
[13] 曾颖 . 空间与格局 城市公共艺术的呈现 [M]. 北京：中国水利水电出版社，2019.
[14] 张新宇 . 吾城吾形 城市公共艺术设计之新探索篇 [M]. 北京：高等教育出版社，2016.
[15] 何小青 . 公共艺术与城市空间构建 [M]. 北京：中国建筑工业出版社，2013.
[16] 王艳 . 公共艺术（第 2 版）[M]. 武汉：武汉理工大学出版社，2020.
[17] 李木子 . 公共艺术研究 [M]. 芜湖：安徽师范大学出版社，2020.
[18] 吴卫光，张健，刘佳婧，等 . 公共艺术设计 [M]. 上海：上海人民美术出版社，2017.
[19] 袁冶编 . 公共艺术概述 [M]. 北京：中国青年出版社，2018.
[20] 赵小芳 . 城市公共园林景观设计研究 [M]. 哈尔滨：哈尔滨出版社，2020.
[21] 毛静一，王杰 . 景观公共艺术设计 [M]. 长春：吉林人民出版社，2021.
[22] 梁家琳，闫雪 . 当代城市建设中的艺术设计研究 [M]. 北京：中国戏剧出版社，2019.
[23] 永辉，鸿年 . 公共艺术 [M]. 北京：中国建筑工业出版社，2002.